工业和信息化精品系列教材

物联网技术

U0734565

Installation and Maintenance
of IoT System

物联网系统
安装与维护

卫燕 ◉ 主编

汤益华 潘君才 ◉ 副主编

人民邮电出版社

北　京

图书在版编目（CIP）数据

物联网系统安装与维护 / 卫燕主编. -- 北京：人民邮电出版社，2025. --（工业和信息化精品系列教材）.
ISBN 978-7-115-65026-9

Ⅰ．TP393.4；TP18

中国国家版本馆 CIP 数据核字第 2024KL4705 号

内 容 提 要

本书介绍物联网系统的相关知识。全书共 5 个模块，包括物联网系统软硬件环境准备、物联网感知设备的安装与调试、物联网执行设备的安装与调试、物联网系统典型应用、物联网系统云平台数据维护。每个模块都包含多个任务，每个任务都详细介绍了相关的理论知识和实际操作步骤。通过学习本书，读者可以系统地了解物联网系统的基本原理和应用，掌握物联网设备的安装与调试技能，以及物联网系统的综合应用和云平台数据的维护方法。

本书可以作为职业院校物联网系统安装与维护课程的教材，也可以作为物联网技术培训班的教材，同时适合物联网安装调试人员、物联网项目辅助开发和售后技术支持的专业人员以及广大的物联网技术爱好者自学使用。

◆ 主　　编　卫　燕
　　副 主 编　汤益华　潘君才
　　责任编辑　王照玉
　　责任印制　王　郁　焦志炜

◆ 人民邮电出版社出版发行　　北京市丰台区成寿寺路 11 号
　　邮编　100164　　电子邮件　315@ptpress.com.cn
　　网址　https://www.ptpress.com.cn
　　北京市艺辉印刷有限公司印刷

◆ 开本：787×1092　1/16
　　印张：11.5　　　　　　　　　2025 年 8 月第 1 版
　　字数：289 千字　　　　　　　2025 年 8 月北京第 1 次印刷

定价：49.80 元

读者服务热线：(010)81055256　印装质量热线：(010)81055316
反盗版热线：(010)81055315

前　言

物联网作为新一代信息技术的重要组成部分，是大力推进现代化产业体系建设，加快发展新质生产力的核心基础。经过多年的快速发展，物联网正在加速融入人们的生产生活，赋能千行百业发展。面对巨大的应用市场，研究型、工程应用型、技能型物联网人才十分紧缺，职业院校肩负着培养技能型人才的重任，而物联网系统安装与维护课程正是物联网相关专业的一门实操性很强的专业技能课程，在此背景下，我们根据课程需要编写了本书。

本书基于学生的学习规律及实际岗位需求，重点介绍物联网系统软硬件环境准备、物联网感知设备的安装与调试、物联网执行设备的安装与调试、物联网系统典型应用、物联网系统云平台数据维护等内容。在内容编排上，本书采用理论与实践相结合的方式，注重理论知识讲解的同时，结合实际生活中的案例，帮助学生更好地理解和掌握物联网相关知识。学生通过技能训练，既可对物联网系统有较深入的认知，又可掌握物联网系统安装与维护的相关技能。

本书的参考学时为 72 学时，建议采用理论与实践一体化的教学模式，各模块的参考学时见下面的学时分配表。

学时分配表

模　块	内　容	学时数
模块一	物联网系统软硬件环境准备	8
模块二	物联网感知设备的安装与调试	12
模块三	物联网执行设备的安装与调试	16
模块四	物联网系统典型应用	18
模块五	物联网系统云平台数据维护	18
学时总计		72

本书由卫燕任主编，汤益华、潘君才任副主编，毛怀勇、薛莹、王昱斌参编。王昱斌编写了模块一，汤益华编写了模块二，卫燕编写了模块三中的任务三，毛怀勇编写了模块三其余部分和模块五，薛莹编写了模块四，潘君才为本书提供了技术支持，卫燕、汤益华负责统稿工作。

由于编者水平和经验有限，书中难免存在不足之处，敬请读者批评指正。

编者
2025 年 4 月

目　录

模块一
物联网系统软硬件环境准备

01

物联网系统不仅涉及各种设备和传感器等硬件，还涉及 Mind+等软件环境。物联网系统的软硬件环境是整个系统的基石，为系统的稳定运行提供关键的基础设施。物联网系统软硬件环境的建设和维护是一项综合性工程，需要工程师精心设计和不断优化。只有在健全的软硬件环境下，物联网系统才能够更加稳定、高效地运行，从而真正实现物与物的智能连接。

在本模块中，我们将学习物联网设备的识别与检测、物联网系统开发工具的安装与配置、物联网系统拓扑图的识读与绘制，为构建物联网系统做好软硬件环境准备。

任务一 物联网设备的识别与检测

【学习目标】

1. 了解常用物联网设备的类型。
2. 了解常用物联网设备的特点与功能。
3. 能正确识别常用物联网设备。
4. 能对常用物联网设备进行简单检测。
5. 激发对物联网技术的兴趣，增强对专业的热爱。

【任务情景】

常见的物联网设备有传感器、执行器、通信设备、边缘计算设备等。某公司采购了一批物联网设备，主要有传感器和执行器，具体包括光敏传感器、温湿度传感器、化学传感器、红外传感器、超声波传感器、电机、RGB 彩灯模块等，请检测并判断它们能否正常使用。

【任务分析】

为了完成上述任务，首先需要熟悉物联网设备，包括光敏传感器、温湿度传感器、化学传感器、红外传感器、超声波传感器、电机、RGB 彩灯模块等；然后，可以通过观察外观、使用万用表等方式对它们进行测试，以验证它们是否能够正常运行。

【相关知识】

一、常用传感器

传感器用于检测各种环境数据（如温度、湿度、光照强度、压力等），并将数据传输到中央系统进行分析。常用传感器的作用和特点如下。

1. 光敏传感器

光敏传感器基于光电效应原理，它能够感知光照强度变化，并将光信号转换为电信号，通过电路对这些信号进行放大和处理，从而实现测量光照强度的功能。

光敏传感器的主要用途是检测光照强度、光脉冲、光斑位置、光斑尺寸，以及光的方向和颜色等。在实际使用中，光敏传感器可以应用于多种场景。例如，它可以用于检测室内或室外的光照强度，以便在需要时进行调节或管理。

光敏传感器的主要特点是灵敏度高、动态范围宽、可编程性和自适应性强等。

2. 温湿度传感器

温湿度传感器能够感知环境中的温度和湿度变化，并将这些变化转换为电信号，然后通过电路放大和处理这些信号，从而实现测量温度和湿度的功能。

在实际使用中，温湿度传感器用于检测环境中的温度和湿度，用户可以根据测量结果调整环境中的温度和湿度，以达到最佳的工作环境。温湿度传感器可以用于温室种植、工业控制等。

温湿度传感器的主要特点是功耗低、延迟低、安全性和隐私性强等，然而，它并不具备高精度和长期稳定性，因此难以作为计量器具使用。

3. 化学传感器

化学传感器能够将目标化学物质引发的化学反应或化学相互作用转换为电信号，从而实现检测化学物质浓度的功能。

化学传感器的主要用途包括检测环境中的有害气体、污染物或特定化合物。化学传感器广泛应用于工业安全、食品安全、医疗诊断和化学分析等领域。

化学传感器的主要特点是体积小、灵敏度高、响应速度快、可靠性强、检测范围大、价格低廉，以及易于实现自动化检测和在线或原位连续检测等。

4. 红外传感器

红外传感器能够将红外线的能量转换为电信号，从而实现检测红外线的功能。

红外传感器的主要用途包括检测目标物体的热辐射、温度变化和运动，并将其转换为电信号进行分析和处理。红外传感器广泛应用于安防监控、人体检测、智能家居、无人机导航、工业自动化等领域。

红外传感器的主要特点是性能稳定、灵敏度高、隐蔽性强、误报率低、适应性强等。

5. 超声波传感器

超声波传感器基于超声波的传播和回波原理，将电能转变成机械振荡而产生超声波，在接收到超声波时，也能将其转变成电能，从而实现对目标物体的检测和距离测量功能。

超声波传感器的主要用途是测量距离、检测障碍物、实现非接触式精确定位等。超声波传感器广泛应用于自动驾驶汽车、智能机器人、仓储管理、智能家居等领域。

超声波传感器的主要特点是灵敏度高、非接触式测量、抗干扰性强、可编程性强，它适用于距离和速度的测量。

二、常用执行器

执行器能够执行特定的动作，例如控制灯光、调节温度、开关电器等。执行器通过接收来自中央系统或其他设备的指令来实现自动化操作。常用执行器如下。

1. 电机

电机是一种将电能转换为机械能的装置，通过电流在磁场中的作用让电机的转子转动，实现驱动机械运动的功能。在物联网中常用的电机有直流电机、步进电机、伺服电机等。其中，步进电机是一种能进行精准控制的电机，它能将电脉冲转化为角位移或线位移，通过控制施加在电机线圈上的电脉冲顺序、频率和数量，实现对步进电机的转向、速度和旋转角度的控制。

电机的主要用途是为自动化设备、医疗设备等提供动力和精准控制。

电机的主要特点是速度控制精确、响应速度快、控制电路简单等。

2. RGB 彩灯模块

RGB 指 3 种颜色：红色（Red）、绿色（Green）和蓝色（Blue）。RGB 彩灯模块用于处理颜色信息，可以对图像、视频等进行颜色处理和转换，从而实现不同的视觉效果。

RGB 彩灯模块是一种基于电子控制方式，实现 LED 灯的各种灯光模式和颜色变化的物联网设备。RGB 彩灯模块的主要用途是通过物联网技术实现远程控制、数据采集和智能分析，以便根据需求实现各种视觉效果。这些功能可以让用户创造出精彩的灯光体验和装饰效果，为场所提供高品质的照明服务，提高城市的环境质量和宜居性。

RGB 彩灯模块的主要特点为功耗低、易于编程、高度集成、体积小、价格低等。

【技能训练】

尝试从物联网实训套件中找出本任务所需的硬件设备（光敏传感器、温湿度传感器、红外传感器、超声波传感器、电机、RGB 彩灯模块），物联网实训套件如图 1-1 所示，硬件设备清单如表 1-1 所示。

表 1-1　硬件设备清单

序号	设备名称
1	物联网实训套件
2	指针式万用表

图 1-1　物联网实训套件

活动一　识别常用物联网设备

识别物联网设备可以采取以下几种方法：查看外观标志、阅读产品文档、扫描设备上的二维码或条形码、咨询制造商等。常用物联网设备的外观识别方法及设备图例如表 1-2 所示。

表 1-2　常用物联网设备的外观识别方法及设备图例

序号	设备名称	外观识别方法	设备图例
1	光敏传感器	光敏传感器中间有一个光敏电阻，其外观像一盏灯，2 个引脚焊接在主板上，电阻旁边通常有一个小太阳标记；主板上有"Light Sensor"标注，即光敏传感器的英文标注	
2	温湿度传感器	温湿度传感器上有热敏电阻和湿敏电阻，一般情况下，电阻会被透气的塑料块包裹保护，并引出 4 个引脚分别与主板上 VCC、OUT、NC、GND 这 4 个引脚相连	
3	红外传感器	红外传感器上有一个菲涅耳透镜，其材质一般为塑料，呈半圆球状；通常主板上有"Passive Infrared Sensor"标注，即被动式红外传感器的英文标注	
4	超声波传感器	超声波传感器上有两个圆柱体，分别是超声波发送器和超声波接收器，并由 TRIG 和 ECHO 两个引脚来发送超声波和接收超声波；通常主板上有"Ultrasonic Sensor"标注，即超声波传感器的英文标注	
5	电机	电机外形近似圆柱体，配套风扇使用，电机通过转子驱动风扇旋转。旋转方向可以通过改变电源的接入方式来控制	
6	RGB 彩灯模块	RGB 彩灯模块中间有 LED 灯，由 B+、R+、G+引脚控制灯光的颜色；通常主板上有"RGB module"标注，即 RGB 彩灯模块的英文标注	

活动二　检测常用物联网设备

一、检测光敏传感器

在检测光敏传感器之前，首先观察传感器表面是否损坏，引脚、排线是否有锈迹或断裂；然后将指针式万用表设置在"R×1K"挡（初始设置在"R×1K"挡是为了在保护设备的同时，提供一个适合初步评估光敏传感器电阻值的测量环境，后续可根据实际情况进行调整），将两支表笔分别接到光敏传感器的 VCC、GND 引脚上。可以按照下面的方法检测光敏传感器。

1．避光检测

用黑纸片将光敏传感器的透光窗口遮住，将指针式万用表的挡位开关调至欧姆挡，然后用指针式万用表的两支表笔测量光敏传感器两端的电阻，此时如果指针式万用表的指针基本保持不动，显示阻值很大或接近无穷大，则说明光敏传感器性能好；如果显示阻值很小或接近零，则说明光敏传感器已损坏，不能继续使用。

2．透光检测

将光源对准光敏传感器的透光窗口，此时如果指针式万用表的指针有较大幅度的摆动，显示阻值明显减小，则说明光敏传感器性能是正常的，阻值越小说明光敏传感器性能越好；如果显示阻值很大甚至为无穷大，则说明光敏传感器内部开路损坏，不能继续使用。透光检测如图 1-2 所示。

3．间断受光检测

将光敏传感器的透光窗口对准入射光源，用黑纸片在光敏传感器的透光窗口上方晃动，使其间歇性地接收光线。此时如果指针式万用表的指针随黑纸片的晃动而左右摆动，则说明光敏传感器性能是正常的；如果指针式万用表的指针始终停在某一位置，不随黑纸片的晃动而左右摆动，则说明光敏传感器的光敏材料已经损坏，不能继续使用。

二、检测电机

检测电机的步骤如下。

（1）观察电机表面是否损坏，引脚、排线是否有锈迹或断裂。

（2）如果电机表面没有损坏，可使用指针式万用表检测。将指针式万用表调至"R×100"挡，将指针式万用表的两支表笔不分正负极地连接在电机的两条线上，用手轻轻转动电机转子。

（3）转动电机转子时，注意观察指针式万用表指针的摆动情况，指针式万用表指针左右摆动角度不大，说明电机的电枢线圈有匝间短路、断路现象，电机已损坏。

三、检测 RGB 彩灯模块

检测 RGB 彩灯模块的步骤如下。

（1）观察 RGB 彩灯模块中的 LED 灯表面是否损坏，如果 LED 灯上有小黑点说明其已烧坏。

（2）如果 LED 灯表面没有损坏，可串联 2 个 1.5V 干电池进行检测。分别用 B+、R+、G+引脚连接电池的正极。GND 引脚连接电池负极，查看 LED 灯的蓝色、红色、绿色 3 种颜色是否依次正常亮，如果是，说明 RGB 彩灯模块可以使用。串联电池测试 RGB 彩灯模块如图 1-3 所示。

图 1-2　透光检测

图 1-3　串联电池测试 RGB 彩灯模块

【任务评价】

学生在完成本任务的学习后，教师可以根据学生的综合表现给出评分。任务评价表如表 1-3 所示。

表 1-3　任务评价表

序号	主要内容	评价标准	分值/分	得分/分
1	常用传感器的类型	能正确说出几种常用传感器	10	
2	常用执行器的类型	能正确说出几种常用执行器	10	
3	常用传感器的识别	能快速、准确地从物联网实训套件中找出指定传感器	10	
4	常用执行器的识别	能快速、准确地从物联网实训套件中找出指定执行器	10	
5	常用物联网设备的检测	能使用合适的方法和工具检测光敏传感器	10	
		能使用合适的方法和工具检测电机	10	
		能使用合适的方法和工具检测 RGB 彩灯模块	10	
6	职业素养	检测过程中，操作要安全、规范。完成检测后，应将相关元件、模块等收纳整齐，保持实验桌面干净、整洁	10	
7	学习态度	能主动参与课堂讨论和实践活动，积极寻求解决问题的方法	10	
		能按时完成学习及工作任务	10	
	总计		100	

【拓展学习】

生活中的温湿度传感器

温湿度传感器属于元件级别，在日常生活中不太方便直接使用温湿度传感器，其通常应用于智能家居产品和工业产品中。常见的温湿度传感器包括民用级别的智能家居产品温湿度传感器和工业级别的工业产品温湿度传感器。

1. 智能家居产品温湿度传感器

特点：体积小、价格低廉、功耗低；不支持二次开发；为了方便使用，出厂时已经做好系统集成；搭配显示屏、通信模块、供电系统等。

通信方式：一般为无线通信，可以将数据传输至手机 App 或者数据采集网关，支持 ZigBee、蓝牙等无线技术。

供电方式：为了便于家庭使用，一般为电池供电。

以产品型号为 WSDCGQ01LM 的温湿度传感器为例，WSDCGQ01LM 温湿度传感器实物图及产品参数如图 1-4 所示。

产品参数

产品型号：WSDCGQ01LM

产品尺寸：36mm×36mm× 11.5mm

无线连接方式：ZigBee

电池规格：CR2032

温度检测范围和精度：-20℃～+60℃，±0.3℃

湿度检测范围和精度：0～100%RH（无冷凝），±3%

（a）实物图　　　　　　　　（b）产品参数

图 1-4　WSDCGQ01LM 温湿度传感器实物图及产品参数

2. 工业产品温湿度传感器

特点：性能稳定、数据开放；能够在特定的环境中工作，能适应工业现场环境；可输出模拟信号和数字信号；相比智能家居产品温湿度传感器，工业产品温湿度传感器的精度更高，可靠性更高。

通信方式：一般为有线 RS-485 通信或者 LoRa 无线通信，可以将数据传输至数据采集网关。

供电方式：为了追求稳定性，一般为有线供电。

工业产品温湿度传感器实物图举例如图 1-5 所示。

图 1-5　工业产品温湿度传感器实物图举例

【思考与练习】

1. 在物联网实训套件中找出温湿度传感器并查阅资料，了解它的精度和适用范围。
2. 描述超声波传感器的工作原理。
3. 在物联网实训套件中找出化学传感器并查阅资料，检测其能否正常工作。

任务二　物联网系统开发工具的安装与配置

【学习目标】

1. 了解物联网系统开发工具 Mind+。
2. 了解物联网系统硬件开发平台 Arduino。
3. 能正确安装、配置物联网系统开发工具 Mind+。
4. 能正确识别 Arduino 开发板引脚功能。
5. 提升规范操作意识，能够不断关注行业的新技术、新工艺。

【任务情景】

某客户要求搭建一套微型物联网系统并为该系统搭建软件开发环境，以实现控制物联网设备。

【任务分析】

"工欲善其事，必先利其器"。目前物联网系统开发工具较多，我们要选择一款既适合搭建微型物联网系统，又能集成各种主流开发板及上百种开源硬件、支持人工智能（Artificial Intelligence，AI）与物联网（Internet of Things，IoT）相关功能，还可以使用 Python/C/C++等高级编程语言，且操作简便的物联网系统开发工具。用户安装物联网系统开发工具可以体验到创造的乐趣，并且可以使用该工具为微型物联网系统搭建软硬件开发环境。对于物联网系统开发工具，需按要求进行安装并配置环境，使硬件设备实现相互通信，以达到对物联网设备的控制。

【相关知识】

一、物联网软件开发平台

物联网软件开发平台可以帮助开发人员在物联网上构建、部署和测试物联网应用程序。物联网软件开发平台通常用于连接传感器、智能设备和其他设备，使它们能够相互通信。

物联网软件开发平台支持多种物联网协议，如蓝牙（Bluetooth）、Wi-Fi、ZigBee 和 LoRa，它们的标志分别如图 1-6 ~ 图 1-9 所示，因此物联网软件开发平台可以适用于广泛的物联网应用场景。物联网软件开发平台还提供丰富的应用程序接口（Application Program Interface，API），可以帮助开发人员轻松地集成传感器数据和控制设备。

图 1-6　蓝牙标志

图 1-7　Wi-Fi 标志

图 1-8　ZigBee 标志

图 1-9　LoRa 标志

此外，物联网软件开发平台还可以帮助开发人员保护物联网应用程序的安全，其提供的各种安全功能，如加密、身份验证和权限管理，确保只有授权用户才可以访问物联网应用程序。

二、Mind+

Mind+是一款免费的图形化编程软件，诞生于 2013 年。Mind+提供了可视化的编程界面，初学者可以通过简单的拖曳和连接来实现编程，无须学习复杂的编程语言。

Mind+不仅可以使用编程控制硬件，还支持编写基于 Scratch 的程序。Mind+提供了多个传感器和执行器的库，用户可以更轻松地控制硬件。

Mind+可以帮助用户了解物联网和硬件编程的相关知识。Mind+适用于开发多种项目，例如智能家居、智能汽车、机器人等。用户使用其强大的硬件扩展功能库，可以对几十种硬件模块（如传感器、执行器、通信模块、显示器、功能模块等）进行编程控制。

结合 OBLOQ 物联网模块和 Easy IoT 平台，Mind+可以实现物联网功能，降低用户学习物联网技术的门槛；通过摄像头动作检测功能，Mind+可以拓展人机交互方式。Mind+形象如图 1-10 所示。

图 1-10　Mind+形象

三、物联网开发板

目前市场上有很多种开发板可供选择，一些常见的开发板及其优缺点如下。

1. 树莓派

优点：树莓派（Raspberry Pi）是一款价格便宜、性能良好、开源的开发板，具有广泛的社区支持和应用。树莓派的操作系统支持多种编程语言，可以用于很多领域。同时，树莓派有丰富的通用输入输出（General Purpose Input/Output，GPIO）接口、摄像头接口和 Wi-Fi/蓝牙连接模块。

缺点：树莓派使用的是 ARM 处理器，输入输出一些特定应用的软件存在不兼容的情况。同时，树莓派的内存和存储空间相对较小。

2. BeagleBone Black

优点：BeagleBone Black 是一款性能好、GPIO 接口数量多、支持多种操作系统的开发板，可以直接与外部设备进行通信。因为 BeagleBone Black 的 GPIO 接口数量多，所以其可以支持多种应用。

缺点：相比其他开发板，BeagleBone Black 的价格较高。同时，BeagleBone Black 的文档和社区支持相对较少。

3. Arduino

优点：Arduino 是一款价格低廉、易于上手、开源的开发板，非常适合初学者使用。Arduino 支持多种扩展模块，可以实现很多不同的物联网应用。

缺点：Arduino 的处理器和内存相对较小，无法处理一些复杂的任务。同时，Arduino 的 GPIO 接口数量较少，需要通过扩展模块进行扩展。

4. Odroid

优点：Odroid 是一款性能好、扩展接口多、支持多种操作系统的开发板。Odroid 支持多种编程语言和应用程序，可以应用于很多领域。

缺点：Odroid 的价格相对较高，而且文档和社区支持相对较少。

5. NanoPi

优点：NanoPi 是一款价格低廉、易于上手、小巧便携的开发板。NanoPi 支持多种通信接口和编程语言，可以应用于很多领域。

缺点：NanoPi 的性能相对较差，内存和存储空间相对较小。同时，NanoPi 的 GPIO 接口数量较少，需要通过扩展模块进行扩展。

总的来说，选择开发板时需要考虑应用场景、功能需求、价格等因素。对于初学者来说，Arduino 是一个不错的选择。在 Arduino 的众多型号中，Arduino Mega2560 的功能非常强大，它基于 ATmega2560 微控制器，具有更多的输入输出引脚和更大的存储容量。Arduino Mega2560 的优点如下。

（1）更多的输入输出引脚：Arduino Mega2560 具有 54 个数字引脚和 16 个模拟引脚，相比 Arduino Uno 的 14 个数字引脚和 6 个模拟引脚，它能够更好地满足更复杂的电路设计需求。

（2）更大的存储容量：Arduino Mega2560 具有 256KB 的闪存和 8KB 的静态随机存储器（Static Random Access Memory，SRAM），能够存储更多的代码和数据。

（3）更强大的处理能力：Arduino Mega2560 的时钟频率为 16MHz，能够处理更复杂的算法和操作。

（4）与 Arduino Uno 兼容：虽然 Arduino Mega2560 具有更多的输入输出引脚和更大的存储容量，但是它仍然与 Arduino Uno 兼容，因此可以使用为 Arduino Uno 编写的代码和库。

（5）扩展性强：Arduino Mega2560 具有更多的输入输出引脚和更大的存储容量，可以连接更多的传感器和设备，因此它非常适合用于扩展性强的项目。

【技能训练】

根据前面的分析，本任务所需的硬件设备清单如表 1-4 所示。

表 1-4　硬件设备清单

序号	设备名称
1	安装 Windows 10 及以上版本操作系统的计算机
2	Arduino Mega2560 开发板

活动一　安装、配置 Mind+

一、安装软件

（1）在 Mind+官网下载软件安装包（本书使用的版本为 1.7.2，不同版本的安装过程略有不同，可根据安装指引进行操作），双击下载的安装包，安装语言选择中文。进入安装界面，仔细阅读"MindPlus 用户协议"（见图 1-11），了解使用 Mind+软件的权利和责任后，单击"我同意"按钮。

（2）进入"选定安装位置"界面，如图 1-12 所示，若要修改安装位置，单击"浏览"按钮进行修改。Mind+"安装完成"界面如图 1-13 所示。

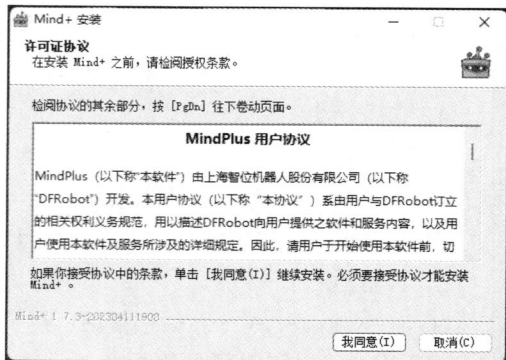

图 1-11　"许可证协议"界面

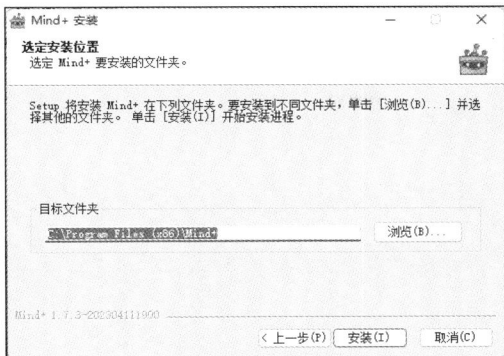

图 1-12 "选定安装位置"界面

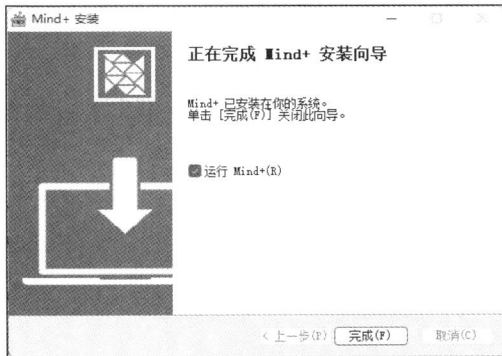

图 1-13 Mind+"安装完成"界面

二、安装串口驱动程序

用户在安装多个硬件平台驱动程序时，会遇到需要逐一安装驱动程序、安装失败等问题，为了解决这些问题，Mind+软件具有一键安装常用的开源硬件平台驱动程序的功能，省去了很多步骤。可以在软件主菜单的"连接设备"中，单击"一键安装串口驱动"进行安装，如图 1-14 所示。

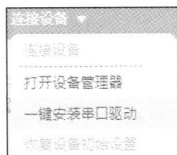

图 1-14 单击"一键安装串口驱动"进行安装

三、安装设备驱动程序

单击"一键安装串口驱动"后，弹出"设备驱动程序安装向导"窗口，如图 1-15 所示。单击"下一页"按钮，进行驱动程序安装。如果出现安装提示，如图 1-16 所示，单击"安装"按钮进行安装。设备驱动程序"安装完成"界面如图 1-17 所示。

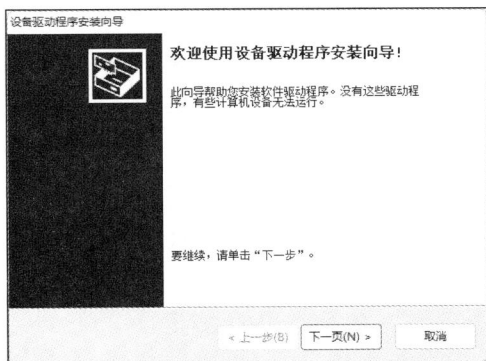

图 1-15 "设备驱动程序安装向导"窗口

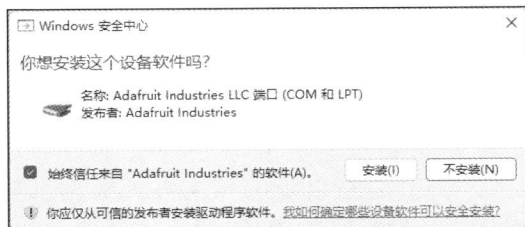

图 1-16 安装提示

四、选择编程模式

用户在使用 Mind+时，如果没有编程基础想不依赖硬件入门学习编程，或者有 Scratch 基础想制作交互项目，就可以选择实时模式。上传模式是对硬件开发板进行编程，该模式相对于实时模式少了一些与舞台相关的内容，同时增加了更多命令，并且变量具有数字和字符串两种类型，程序上传到开发板后，设备可以脱离计算机工作。本任务以上传模式为主要操作模式。打开 Mind+软件，选择"上传模式"，如图 1-18 所示。

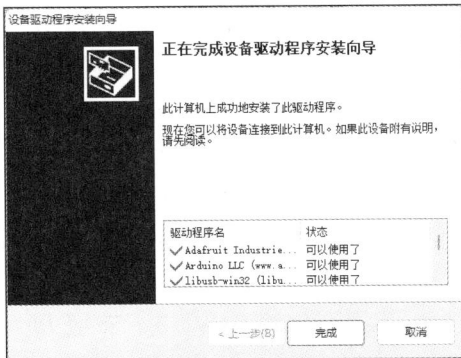

图 1-17 设备驱动程序"安装完成"界面

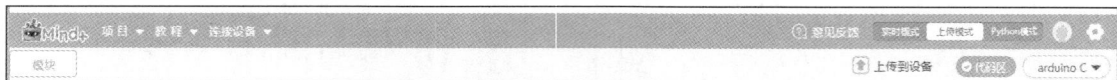

图 1-18　选择"上传模式"

活动二　认识 Arduino Mega2560 开发板的引脚

Arduino Mega2560 是一款功能强大的开发板，它常用于各种电子项目和嵌入式系统的开发，Arduino Mega2560 开发板实物图如图 1-19 所示。

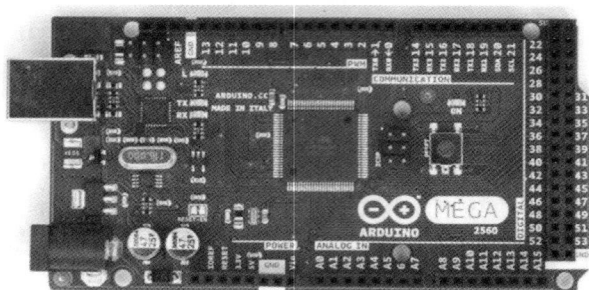

图 1-19　Arduino Mega2560 开发板实物图

Arduino Mega2560 具有 54 个数字引脚和 16 个模拟引脚，每个引脚都具有特定的功能和用途，常见的引脚及其用途如下。

一、数字引脚

Arduino Mega2560 的数字引脚编号为 0～53，其用于输入和输出数字信号。数字引脚可以连接数字设备或传感器，也可以被配置为中断引脚，用于处理紧急事件或实时任务。

0～13：多功能的数字输入/输出引脚。其中，0 号和 1 号引脚专用于串行通信，13 号引脚上装有一个内置的 LED 灯，用于指示或显示状态。

14～21：除了作为数字输入/输出引脚外，这些引脚还具有额外的功能。20 号引脚是模拟参考（AREF）引脚，用于设定模拟信号的参考电压，21 号引脚是 IIC 通信的时钟线（SCL）。

22～53：这些引脚也是数字输入/输出引脚，它们扩展了 Arduino Mega 2560 的 I/O 能力，使开发板能够连接更多的数字设备和传感器。

二、模拟引脚

Arduino Mega2560 的模拟引脚编号为 A0～A15，其用于读取模拟信号。模拟引脚可以测量模拟电压，例如接收来自温湿度传感器、光敏传感器等的信号，并将其转换为电压值，这些电压值可以在程序中使用。

三、特殊功能引脚

除了数字引脚和模拟引脚，Arduino Mega2560 还有许多其他类型的引脚，如 PWM（脉宽调制）引脚、SPI（串行外设接口）引脚、IIC 引脚等。

PWM 引脚可以产生 PWM 信号。PWM 是一种通过改变脉冲宽度的方式来控制电压平均值的技术，用于控制直流电机或调节 LED 灯的亮度。SPI 引脚和 IIC 引脚分别用于连接 SPI 设备和 IIC 设备。Arduino Mega2560 引脚示意如图 1-20 所示。

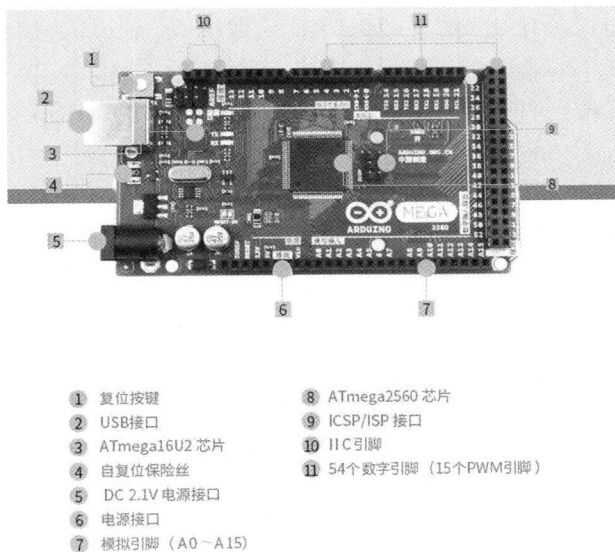

① 复位按键　　　　　　　　⑧ ATmega2560 芯片
② USB接口　　　　　　　　⑨ ICSP/ISP 接口
③ ATmega16U2 芯片　　　　⑩ IIC引脚
④ 自复位保险丝　　　　　　⑪ 54个数字引脚（15个PWM引脚）
⑤ DC 2.1V 电源接口
⑥ 电源接口
⑦ 模拟引脚（A0～A15）

图 1-20　Arduino Mega2560 引脚示意

以上介绍的是一些常见的 Arduino Mega2560 引脚及其用途。当需要连接特定设备时，可以查看设备的规格书或引脚说明，以确定需要连接哪些引脚，并将其配置为输入引脚或输出引脚。通常情况下，设备制造商会提供示例代码或库，以便使用者快速开始使用设备。

【任务评价】

学生在完成本任务的学习后，教师可以根据学生的综合表现给出评分。任务评价表如表 1-5 所示。

表 1-5　任务评价表

序号	主要内容	评价标准	分值/分	得分/分
1	Mind+的基础知识	能正确说出 Mind+的特点和作用	10	
2	Arduino 开发板的特点	能正确说出 Arduino 开发板的特点	10	
3	Mind+的安装	能正确安装 Mind+	15	
4	Mind+的配置	能正确配置 Mind+	15	
5	Arduino Mega2560 开发板引脚的识别	能正确说出 Arduino Mega2560 开发板各引脚的用途	20	
6	职业素养	实验中，操作要安全、规范。完成实验后，应将相关元件、模块等收纳整齐，保持实验桌面干净、整洁	10	
7	学习态度	能主动参与课堂讨论和实践活动，积极寻求解决问题的方法	10	
		能按时完成学习及工作任务	10	
	总计		100	

【拓展学习】

Arduino IDE 物联网系统开发工具

Arduino IDE（Integrated Development Environment，集成开发环境）是 Arduino 官方提

供的、基于 Processing IDE 开发的集成开发环境。只要在 Arduino IDE 中编写程序，并将程序上传到 Arduino 电路板，程序就会告诉 Arduino 电路板要做什么，进行交互。Arduino IDE 界面基于开放源代码，用户可以免费下载使用，开发更多令人惊艳的互动作品。Arduino IDE 的主要特点如下。

（1）跨平台：Arduino IDE 可以在 Windows、macOS、Linux 三大主流操作系统上运行，而大多数其他的 IDE 只能在 Windows 上运行。

（2）开发简单、清晰：初学者不需要有太多的单片机知识、编程知识，经过简单学习后，就可以快速地进行开发。

（3）开放性：在 Arduino IDE 中，硬件原理图、电路图、IDE 软件及核心库文件都是开源的，在开源协议范围内可以任意修改原始设计及相应代码。

（4）社区与第三方支持：Arduino IDE 有许多开发者和用户，可以找到他们提供的众多开源的示例代码、硬件设计。例如，可以在网上找到第三方硬件、外设、类库等支持，从而更快、更简单地扩展项目。

（5）硬件开发的趋势：Arduino IDE 不仅是全球最流行的开源硬件开发环境之一，也是硬件开发的趋势。简单的开发方式使得开发者能够更关注创意及其实现，从而更快地开发自己的项目，大大节约了开发者的学习成本，缩短了项目开发的周期。

与 Mind+相比，Arduino IDE 更偏向于传统程序员和硬件开发者，强调编程的自由度和控制深度。两者各有优势，选择哪一种取决于用户的编程基础、项目需求以及学习目的。

【思考与练习】

1. 请上网查阅资料，列举几个除 Mind+外的图形化编程软件。
2. 在 Windows 操作系统的设备管理器中，查看 Mind+是否安装了所需设备驱动程序。

任务三　物联网系统拓扑图的识读与绘制

【学习目标】

1. 了解物联网系统三层架构。
2. 了解物联网系统拓扑图。
3. 能识读物联网系统拓扑图。
4. 能正确绘制物联网系统拓扑图。
5. 增强对工程设计和工程实践的兴趣和热情。

【任务情景】

某新建智能小区委托公司设计小区的智能车库系统。请以项目工程师的身份绘制该系统的拓扑图，并面向客户对该图进行讲解。

【任务分析】

本任务以智能车库系统为例，学习物联网系统拓扑图的识读和绘制。为了绘制智能车库系统拓扑图，首先需要了解物联网系统拓扑图的要素，然后根据智能车库系统的功能将这些要素按实际情况进行模块化分类，最后使用绘图软件绘制出智能车库系统拓扑图。

【相关知识】

一、物联网系统三层架构

物联网系统三层架构是指将物联网系统划分为 3 个主要层次，分别是感知层、网络层和应用层。每个层次都有不同的功能和任务，它们协同工作以实现物联网系统的高效运行和数据传输。

1. 感知层

感知层（Perception Layer）位于物联网系统的底层，负责实时收集和检测数据。这些数据可以来自各种传感器，如温湿度传感器、光敏传感器、化学传感器等。感知层收集数据，并将其转换成数字信号，使其可以传输到网络层进行处理和存储。

在感知层中，通常会使用各种通信技术和协议来收集数据，例如无线传感器网络（Wireless Sensor Network，WSN）、蓝牙、ZigBee、LoRa 等。这些技术和协议可以支持设备之间的无线通信，实现数据的实时传输和实时响应。

2. 网络层

网络层（Network Layer）位于物联网系统的中间层，负责将感知层收集的数据进行传输、路由和处理。网络层提供了数据传输和连接管理的功能，使得来自感知层的数据能够在不同的设备和网络间流动。网络层还负责确保数据的可靠性、安全性和稳定性，以确保数据传输的顺畅和高效。

在网络层中，可以采用多种网络协议和技术，如传输控制协议/因特网互联协议（Transmission Control Protocol/Internet Protocol，TCP/IP）、消息队列遥测传输协议（Message Queuing Telemetry Transport，MQTT）、受限应用协议（Constrained Application Protocol，CoAP）等，来实现设备之间的通信和数据交换。

3. 应用层

应用层（Application Layer）位于物联网系统的顶层，也是最接近用户的一层。应用层负责处理和管理来自网络层的数据，可以根据用户的需求，对数据进行分析、处理，将数据转换为对用户有意义的信息并展示，从而实现各种功能和应用。

在应用层中，可以构建各种物联网应用，例如智能家居、智能健康监测、智能交通等。这些应用可以提供丰富的功能和服务，使用户能够更便捷地管理和控制物联网设备，获取实时信息，并做出相应的决策。

物联网系统的三层架构从底层数据采集到上层数据处理和应用，形成了一个完整的物联网生态系统。这种分层架构使得物联网系统更加高效、灵活和可扩展，有助于实现多样化的物联网应用和服务。

二、物联网系统拓扑图及其应用

物联网系统拓扑图是一种物联网系统结构和组成部分的图形化表示方式，通常用于帮助系统设计人员和工程师更好地理解和管理物联网系统。物联网系统拓扑图作用如下。

1. 系统架构设计

物联网系统拓扑图可以帮助系统设计人员在系统设计初期就对整个系统进行全面的规划和设计，从而提高系统设计的效率和准确性。

2. 系统功能模块划分

物联网系统拓扑图可以将系统分成不同的功能模块，从而帮助系统工程师更好地实现系统的功能并进行优化。

3. 系统网络结构设计

物联网系统拓扑图可以表明系统中各个设备和节点之间的网络连接关系，从而帮助系统设计人员更好地实现网络优化和扩展。

4. 系统安全设计

物联网系统拓扑图可以帮助系统设计人员在设计系统时考虑安全问题，如网络攻击、数据泄露等，从而实现系统的安全性和可靠性。

三、物联网系统拓扑图的组成

物联网系统拓扑图显示了物联网中的组件、子系统和网络拓扑结构，有助于理解系统的结构和功能。物联网系统拓扑图包含以下要素。

1. 设备

物联网系统涉及各种设备，它们在物联网系统拓扑图中通常具有唯一标识符。这些设备负责收集数据、执行特定的任务以及与其他设备进行通信。

2. 网络节点

物联网系统使用网络节点进行连接和数据传输。网络节点可以是路由器、交换机、网关等。网络节点在物联网系统拓扑图中表示为设备之间的连接点，以展示物联网系统中网络的结构和布局。

3. 连接方式

物联网系统中设备和网络节点之间可以使用不同的连接方式进行通信。有线连接方式包括以太网、串口等，通过物理线缆进行数据传输；无线连接方式包括 Wi-Fi、蓝牙、ZigBee、LoRa 等。在物联网系统拓扑图中，连接方式可以用线条或箭头表示。

4. 通信协议

物联网系统使用通信协议来实现设备之间的数据传输和通信。常见的通信协议包括超文本传输协议（Hypertext Transfer Protocol，HTTP）、MQTT、CoAP 等。通信协议定义了数据的格式、传输方式、安全性等规范。在物联网系统拓扑图中，可以使用特定的符号来表示通信协议，以便清晰地展示系统中的数据传输方式。

5. 数据流向

物联网系统中数据的流动方向（即数据流向）也是物联网系统拓扑图的一个重要部分。数据流向描述了设备数据采集、传输、处理和存储的路径。数据流向从数据的源头（设备）指向数据的目的地（存储设备、云平台等）。通过数据流向，我们可以清楚地了解数据在物联网系统中的传输和处理过程。

　　物联网系统拓扑图可以清晰地展示物联网系统中各个组件之间的关系，帮助我们更好地理解系统的架构和运行方式，便于进行系统设计、部署和维护。物联网系统拓扑图也可用于故障排查和网络优化，以确保物联网系统的稳定性和可靠性。

【技能训练】

　　本任务所需的硬件设备主要是已安装绘图软件 AutoCAD 的计算机。

活动一　识读智能车库系统拓扑图

一、识读智能车库系统功能模块

　　智能车库系统拓扑图如图 1-21 所示。智能车库系统一般分为车位管理模块、车辆识别及监控模块、安全防范模块、远程控制模块等功能模块。

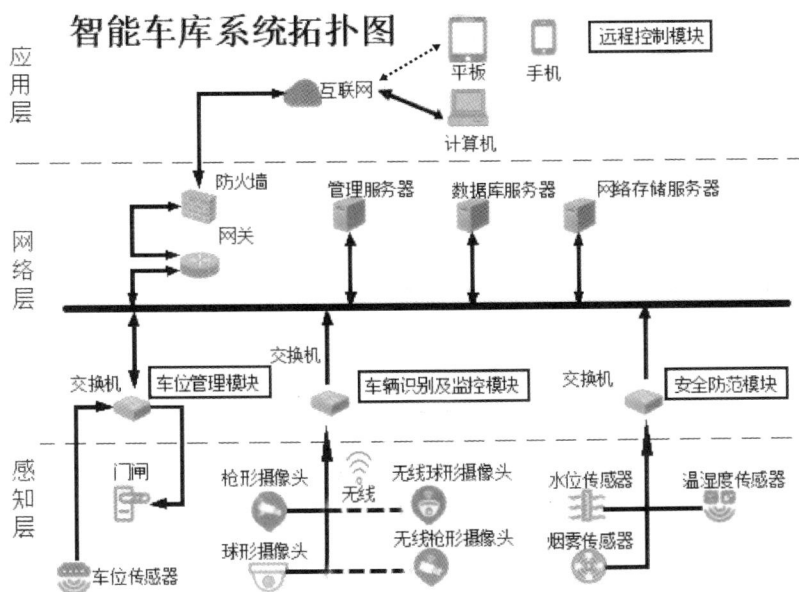

图 1-21　智能车库系统拓扑图

1. 车位管理模块

　　车位管理模块是智能车库系统的核心模块，通过对车位进行编码和管理，实现车位的智能化分配和预约。车位管理模块还可以对车位的占用情况进行实时监控，实现车位的合理利用。其中，车位传感器用于指示车库内的空闲车位数量，方便车主快速找到空闲车位停车。

2. 车辆识别及监控模块

　　车辆识别及监控模块采用车牌识别技术，可以对进入车库的车辆进行自动识别和记录，提高车辆管理的效率和准确性；采用摄像头可以对车库内部的安全情况进行实时监控和预警，当发现异常情况时，系统会自动报警，从而提高车库的安全性和可靠性。

3. 安全防范模块

安全防范模块采用传感器对车库内部的环境情况进行实时的物理安全检测，当发现异常情况时，系统会自动报警，从而提高车库的安全性和可靠性。安全防范模块涉及的几种传感器的功能如下。

水位传感器：当车库内发生积水、漏水时，会自动报警，提醒车主注意安全。

烟雾传感器：当车库内出现烟雾或火灾时，会自动报警，提醒车主注意安全。

温湿度传感器：用于监测车库内的温度和湿度变化。

4. 远程控制模块

远程控制模块可以通过手机、计算机等，实现对车库门的开关控制，车主可以随时随地控制车库门的开关，方便车主使用车库。

除了这些模块，智能车库系统中还有一些基础设备，如交换机、服务器等，用于实现智能化控制和数据传输。

二、识读智能车库系统数据流向

智能车库系统是一个典型的物联网应用，涉及感知层、网络层和应用层 3 个层次。从系统拓扑图数据流箭头方向可知系统的数据流向，下面进行详细说明。

1. 感知层

智能车库系统的感知层包括车位管理模块、车辆识别及监控模块、安全防范模块等，这些模块中的设备负责感知车库内外的环境和车辆状态。感知层数据传输到网络层一般为单向传输。

2. 网络层

感知层通过通信技术将采集到的数据上传至网络层进行传输和处理。

在智能车库系统中，系统将数据传输到车库内部的网关设备。网关设备接收这些数据并进行整理、打包，然后通过互联网或者局域网将数据传输到云服务器及本地服务器上进行存储和处理。服务器会运行一些智能算法和应用，用于数据的分析、处理和决策，以供应用层设备使用。

网络层的数据传输除了可以由网络层上传到应用层外，还可以由应用层下传到网络层，所以网络层数据传输到应用层为双向传输。

3. 应用层

应用层可以实现用户远程监视和控制车库的功能。用户可以通过手机、计算机等，远程查看车库状态、控制车库门的开关、查看车库内部的图像等。

除了存在由应用层获取网络层上传的车库状态数据，还存在由应用层下传到网络层的数据，所以应用层到网络层的数据传输为双向传输。

智能车库系统的数据在感知层、网络层和应用层 3 个层中传输。车辆进出的感知数据首先通过无线网络传输到车库内部的网关设备，然后经过互联网传输到云服务器或经过网线传输到本地服务器进行存储、处理和应用，再通过计算机、手机等智能设备来显示车辆状态和控制车库门开关等。这样的流程使得智能车库系统能够实现远程监视、智能控制和数据分析等功能。

活动二 绘制智能车库系统拓扑图

1. 新建项目

打开 AutoCAD 软件，新建项目，如图 1-22 所示。

2. 选择"布局 1"视图

选择软件界面左下角的"布局 1"视图，如图 1-23 所示。在"布局 1"视图中，可以调整物联网系统拓扑图中的各个元素，并进行添加文字、注释等操作。

图 1-22 新建项目

图 1-23 选择"布局 1"视图

3. 插入图块

在功能区单击"插入"按钮，如图 1-24 所示，插入物联网系统拓扑图中各元素的图块。

4. 调整图块位置

按智能车库系统功能模块调整图块位置，同一类模块调整在一起。调整后的结果如图 1-25 所示。

图 1-24 单击"插入"按钮

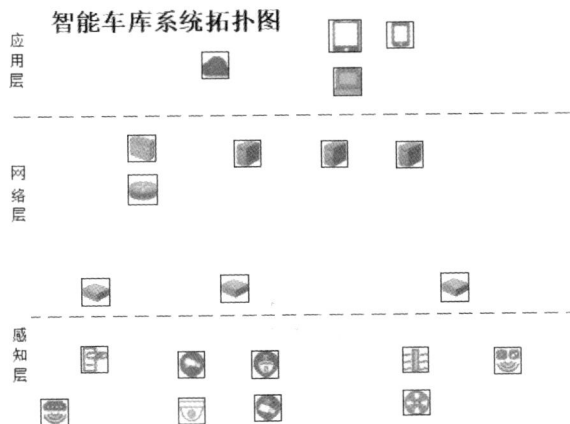

图 1-25 调整后的结果

5. 添加图块注释

添加图块注释时，注意注释与图块相对应。添加注释后的结果如图 1-26 所示。

6. 绘制连接方式和数据流向

通过"画线"功能，绘制各设备连接方式和数据流向。绘制连接方式和数据流向后的结果如图 1-27 所示。

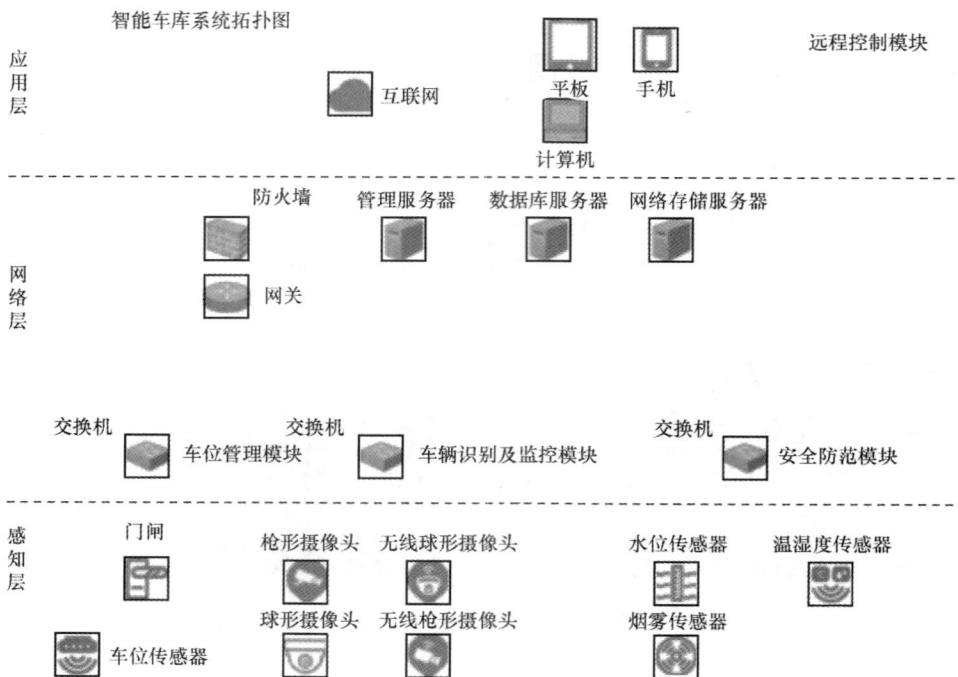

图 1-26　添加注释后的结果

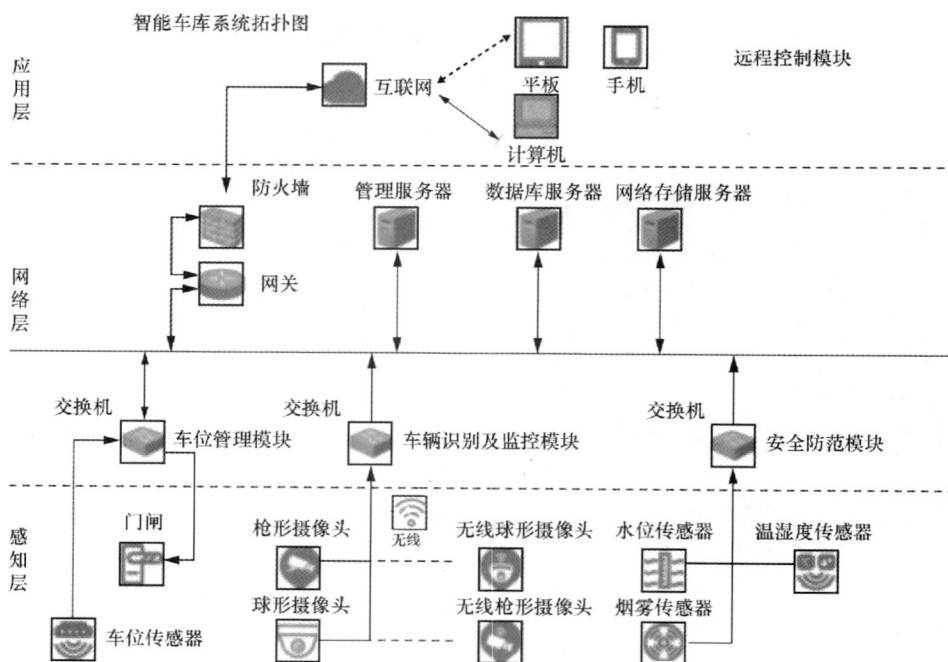

图 1-27　绘制连接方式和数据流向后的结果

7. 美化系统拓扑图

默认图块存在边框，以方便定位。完成绘制后，可去除边框，以美化系统拓扑图。在命令栏中输入命令"IMAGEFRAME"，然后按 Enter 键，输入 IMAGEFRAME 的新值<1>：0，如图1-28 所示，再按 Enter 键，即可去除图块边框。适当调整并美化拓扑图。

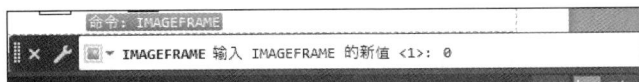

图1-28 去除图块边框

【任务评价】

学生在完成本任务的学习后，教师可以根据学生的综合表现给出评分。任务评价表如表1-6所示。

表1-6 任务评价表

序号	主要内容	评价标准	分值/分	得分/分
1	物联网系统拓扑图的功能和作用	能正确说出物联网系统拓扑图的功能和作用	10	
2	物联网系统拓扑图的识读	能从物联网系统拓扑图中识读出物联网系统三层架构	10	
		能识读物联网系统拓扑图中各种设备	10	
		能识读物联网系统拓扑图中各设备间的数据流向	10	
3	物联网系统拓扑图的绘制	能绘制物联网系统拓扑图中各元素	10	
		能添加物联网系统拓扑图中各元素的标注	10	
		能绘制物联网系统拓扑图中各设备间的数据流向	10	
4	职业素养	实验中，操作要安全、规范。完成实验后，应将相关元件、模块等收纳整齐，保持实验桌面干净、整洁	10	
5	学习态度	能主动参与课堂讨论和实践活动，积极寻求解决问题的方法	10	
		能按时完成学习及工作任务	10	
	总计		100	

【拓展学习】

物联网系统拓扑类型

根据不同的需求和应用场景进行分类与设计，有以下几种常见的物联网系统拓扑类型。

（1）集中式拓扑：集中式拓扑将所有设备集中在一个中央服务器或云端进行管理和控制，其适用于大型、复杂的物联网系统。

（2）分布式拓扑：分布式拓扑将设备分布在不同的地理位置或网络节点上，通过网络进行数据传输和交互，其适用于小型、简单的物联网系统。

（3）分层式拓扑：分层式拓扑将物联网系统分为多个层次（例如感知层、网络层、应用层等），每个层次负责不同的任务和实现不同的功能，其适用于复杂、多层次的物联网系统。

（4）网状拓扑：网状拓扑将物联网设备按照一定的规则和规律进行组织和连接，形成一个网状的网络，其适用于大型、复杂的物联网系统。

（5）混合拓扑：混合拓扑将不同类型的拓扑结构组合在一起，形成一种新型的物联网系统。

（6）异构拓扑：异构拓扑将不同类型的设备和技术结合，形成一种新型的物联网系统。

【思考与练习】

1. 构建一套智能车联网系统，需要哪些传感器和执行器？
2. 构建一套智能家居系统，需要哪些传感器和执行器？
3. 使用 AutoCAD 绘制智能家居系统拓扑图。

模块二
物联网感知设备的安装与调试

02

科技的蓬勃发展深刻改变了人们的生活，特别是在网络和智能技术快速演进的推动下，物联网和智能设备已成为当今社会的焦点，催生了许多传统行业的数字化和智能化转型，如城市建设行业、农业和制造业等。在这场数字化和智能化的大变革中，物联网体系发挥着至关重要的作用。感知设备作为物联网体系中最基础、最关键的组成部分之一，被视为物联网技术中不可或缺的要素。物联网和智能设备的兴起已经深刻改变了传统行业的运作方式，为社会带来了更多便利和效益。这一趋势预示着未来科技将继续引领我们迈向更加智能化、数字化的生活。

在本模块中，我们将学习物联网感知设备的安装和调试方法，了解物联网感知设备的性能参数和相关特性。本模块主要学习的设备包括物联网触摸开关、光敏传感器、声音采集传感器、温湿度传感器、红外传感器和超声波传感器等。

任务一　物联网触摸开关的安装与调试

【学习目标】

1. 了解触摸开关的特点。
2. 掌握触摸开关的连接方法。
3. 能对触摸开关控制程序进行逻辑分析。
4. 能独立完成积木程序的搭建、上传与调试。
5. 养成仔细观察、深入分析的学习态度。

【任务情景】

为营造物联网智能环境，某酒店要在客房里安装触摸开关，客人只需触碰一下开关，灯就会亮起来。请尝试安装触摸开关，并通过串口获取触摸开关的状态，确保触摸开关能正常使用。

【任务分析】

从物联网的角度来看，客人触碰触摸开关时，开关传送电信号，从而实现对灯的控制。为了模拟并实现这一情景，我们可以利用触摸开关模块和开发板，验证电信号传递的可靠性，并且深入理解物联网技术在实际生活中的作用。

【相关知识】

一、物联网触摸开关简介

物联网触摸开关是一种能够与物联网系统连接并通过触摸操作控制设备或执行特定功能的开关。触摸开关如图 2-1 所示。

根据不同的设计和功能，物联网触摸开关可以分为以下 5 种类型。

（1）电容式触摸开关：电容式触摸开关基于电容变化原理，通过感应人体接近或触摸导电表面时产生的电容变化来检测触摸操作。电容式触摸开关可以实现非接触式触摸操作，具有高灵敏度和快速响应的特点。

（2）电阻式触摸开关：电阻式触摸开关基于电阻感应原理，通过测量电流在触摸位置的变化来检测触摸操作。电阻式触摸开关通常需要物理接触，并且需要使用带有电阻涂层的表面或触摸面板来感应触摸操作。

图 2-1 触摸开关

（3）声波触摸开关：声波触摸开关使用超声波传感器或声波传感器来感应手指接近开关表面时产生的声波变化。声波触摸开关可以实现非接触式触摸操作，适用于一些特殊场景，如防水或高污染环境。

（4）光学触摸开关：光学触摸开关利用光敏传感器或光电二极管来感应触摸时光线的变化，检测光线的散射、反射或遮挡，然后实现对触摸开关的控制和操作。

（5）手势识别触摸开关：手势识别触摸开关结合了多种触摸开关，如电容式触摸开关、光学触摸开关、声波触摸开关等，可以实现手势识别等多种功能。手势识别触摸开关可以根据手指的移动、滑动、旋转等来控制设备或执行不同的操作。

每种类型的触摸开关都有其优势和适用场景，可以根据具体需求选择合适的触摸开关来实现对物联网设备的控制和操作。

二、物联网触摸开关的结构

物联网触摸开关一般包含 5 个基本模块，如图 2-2 所示。

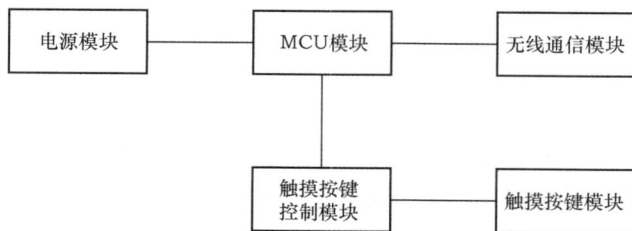

图 2-2 物联网触摸开关的结构

（1）触摸按键模块：触摸按键模块是物联网触摸开关的输入部分，用户可以通过触摸按键模块来控制开关的状态，例如打开或关闭灯、电器等设备。

（2）触摸按键控制模块：触摸按键控制模块是触摸按键模块和 MCU（微控制单元）模块之间

的桥梁，主要负责将触摸按键模块的信号转换成 MCU 模块能够识别的数字信号。

（3）MCU 模块：MCU 模块是物联网触摸开关的核心部分，主要负责处理来自触摸按键控制模块的数字信号，并根据预设的程序控制开关的状态。同时，MCU 模块还可以与无线通信模块进行通信，实现远程控制等功能。

（4）无线通信模块：无线通信模块是物联网触摸开关与其他设备进行通信的关键部分，它可以通过无线信号与智能手机、平板计算机等设备进行连接，实现远程控制、定时开关等功能。

（5）电源模块：电源模块是物联网触摸开关的能量来源，主要负责将外部电源转换成适合 MCU 模块和其他模块工作的电压和电流。

三、物联网触摸开关的工作原理

不同类型的物联网触摸开关的工作原理有所不同。下面介绍常见的 4 种物联网触摸开关的工作原理。

1. 电容式触摸开关的工作原理

电容式触摸开关基于电容变化原理，其触摸面板通常由导电材料和绝缘面板构成。电容式触摸开关的工作原理如图 2-3 所示。

当没有触摸时，触摸面板与周围环境的电容保持稳定。

当手指接近或触碰触摸面板时，手指和触摸面板之间形成电容耦合。这种电容耦合会引起触摸面板电容的变化，其被传感器检测到并转化为相应的触摸信号。

2. 电阻式触摸开关的工作原理

电阻式触摸开关通常有电阻涂层的表面或触摸面板。

当手指触摸有电阻涂层的表面或触摸面板时，触摸点附近的电阻会发生变化。通过测量触摸点附近电阻的变化，传感器可以检测到触摸动作，并将其转化为相应的触摸信号。

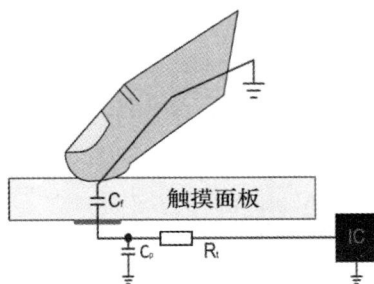

图 2-3　电容式触摸开关的工作原理

3. 声波触摸开关的工作原理

声波触摸开关使用超声波传感器或声波传感器来感应手指接近开关表面时产生的声波变化。

当手指触碰触摸面板时，产生的反射超声波会被超声波传感器捕捉到。超声波传感器会分析声波的特征，检测触摸动作，并将其转换为相应的触摸信号。

4. 光学触摸开关的工作原理

光学触摸开关利用光敏传感器或光电二极管来感应触摸时光线的变化。

当手指触碰触摸面板时，光线的散射、反射或遮挡会发生变化。光敏传感器或光电二极管可以检测到这种变化，并将其转换为相应的触摸信号。

需要注意的是，不同类型的物联网触摸开关具有不同的工作原理和实现方式。具体的工作原理取决于使用的触摸开关技术和传感器设计。

四、物联网触摸开关的应用

物联网触摸开关由于其便捷的操作和连接能力，可以在多个领域中发挥作用。以下是一些物联网触摸开关的应用。

（1）智能家居：物联网触摸开关可以用于智能家居系统，通过触摸操作控制灯、窗帘、空调、音响等家居设备。用户可以通过触摸开关进行一键控制，或者通过触摸不同区域实现对特定设备的个别控制。

（2）智能照明：物联网触摸开关可以用于智能照明系统，使用户能够通过触摸开关控制灯的开关、调节灯的亮度和改变灯光色彩等。触摸开关的高灵敏度和快速响应的特点可以给用户提供便捷的照明控制体验。

（3）智能安防：物联网触摸开关可以用于智能安防系统，如门禁控制、窗户安全、防盗警报等。通过触摸开关，用户可以触发安全警报、开启或关闭安全设备，实现智能化的安防控制。

（4）智能办公：物联网触摸开关可以用于智能办公环境，例如触摸控制会议室的投影仪、音视频设备、窗帘和调节温度等。触摸开关可以提供简单、直观的控制方式，提高办公效率和用户体验。

（5）酒店和商业场所：物联网触摸开关可以用于酒店、商业场所的照明和设备控制。

（6）公共场所和医疗设施：物联网触摸开关可以用于公共场所、医疗设施的照明和设备控制。通过触摸开关，用户可以控制电梯、自动门和其他设备。

（7）智能零售和展示：物联网触摸开关可以用于智能零售和展示场景，如触摸屏货架、互动展示柜等。用户可以通过触摸开关浏览产品信息、选择商品或进行支付。

随着物联网技术的发展和创新，触摸开关在各行各业的智能化和自动化过程中将继续发挥重要作用。

【技能训练】

根据前面的分析，从物联网实训套件中找出本任务所需的硬件设备，硬件设备清单如表 2-1 所示。

表 2-1　硬件设备清单

序号	设备名称
1	电容式触摸开关
2	Arduino Mega2560 开发板
3	已安装 Mind+软件的计算机

活动一　组装设备

一、梳理设备控制的逻辑关系

在本任务中，触摸开关要控制灯的开关状态，同时将状态信号发送给 Arduino Mega2560 开发板，Arduino Mega2560 开发板根据状态信号进行处理，并将处理结果输出到串口，实现对灯的开关状态的控制。触摸开关的设备控制逻辑关系如图 2-4 所示。

二、组装硬件设备

1. 识读引脚标志

仔细观察各硬件设备的引脚标志，明确各标志的含义。

本任务中使用的触摸开关模块有 3 个引脚，具体如下。

（1）VCC 引脚：表示电源正极。

（2）GND 引脚：接地引脚，表示电源负极。

（3）OUT 引脚：信息输出引脚，表示触摸开关的输出状态，输出信号是一个数字信号。

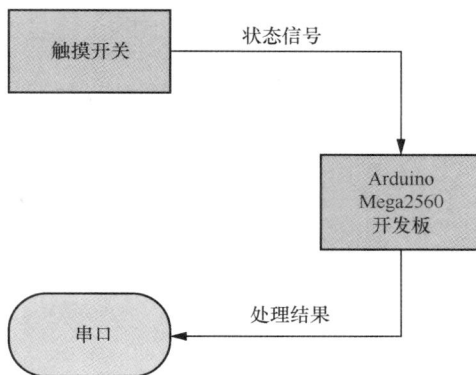

图 2-4　触摸开关的设备控制逻辑关系

2. 连接引脚

（1）将 VCC 引脚接到 Arduino 开发板的 3.3V 或 5V 引脚上。

（2）将 GND 引脚接到 Arduino 开发板的 GND 引脚上。

（3）将 OUT 引脚接到 Arduino 开发板的数字引脚 52 上。具体接线方式如表 2-2 所示。连接后的效果如图 2-5 所示。

表 2-2　触摸开关引脚连接

引脚	连向设备的名称	所连向设备的引脚
触摸开关的 VCC	Arduino 开发板	3.3V 或 5V
触摸开关的 GND	Arduino 开发板	GND
触摸开关的 OUT	Arduino 开发板	52

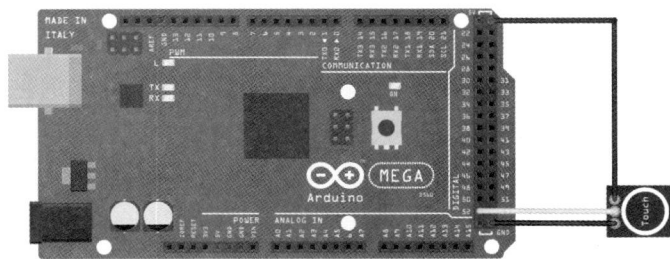

图 2-5　触摸开关引脚接线效果

组装设备的注意事项如下。

（1）触摸开关的连接线应该为红线接电源正极、黑线接电源负极，切不可接反。

（2）触摸开关的输出引脚可与开发板的任意数字引脚（0~53）连接，但需更改程序中相应引脚的参数。

（3）连接线上的引脚较尖锐，在操作过程中要注意安全。

活动二　编写图形程序

在活动一中，我们学习了如何进行硬件电路的连接，但是仅有硬件电路的连接仍不能实现本任务要求的功能，还需要对控制器进行信号处理程序的编写。

一、分析程序流程

触摸开关控制程序流程图如图 2-6 所示。

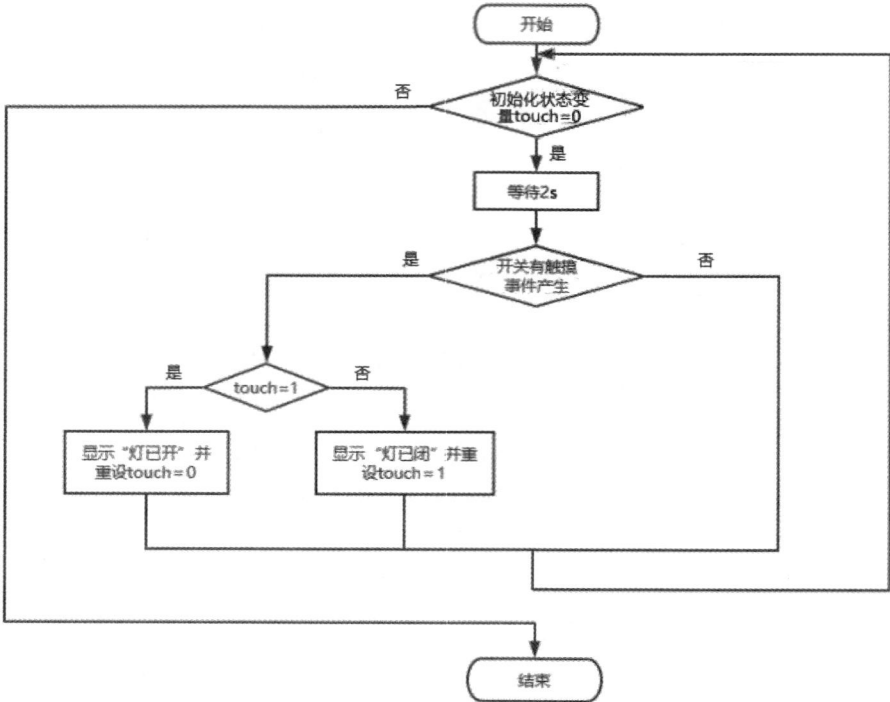

图 2-6　触摸开关控制程序流程图

（1）触摸开关状态值由触摸事件的产生与否确定。定义变量 touch 来保存灯的开关状态，1 为开，0 为闭。

（2）进入循环，测试触摸事件是否产生。

（3）等待 2s 的目的是方便在串口调试窗口中观察灯的状态，这不是必需的部分。

（4）发生触摸事件后，判断 touch 值是 1 还是 0，即灯是开还是闭。

（5）通过串口来显示灯经过触摸事件后的状态，重设 touch 值。

二、搭建积木程序

分析完程序的流程后，利用 Mind+软件搭建积木程序。

（1）打开 Mind+软件，首先选择"上传模式"，如图 2-7 所示；然后在软件的左下角单击"扩展"按钮，在"主控板"界面中选择 Arduino Mega2560 开发板（即"扩展板"中的"Mega2560"），如图 2-8 所示，传感器选择数字触摸传感器。

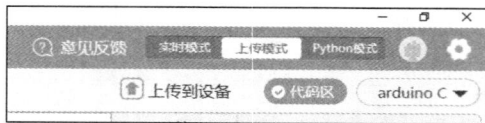

图 2-7　选择"上传模式"

图 2-8　添加开发板

（2）添加完设备后进行积木程序的搭建，具体的操作过程如表 2-3 所示。

表 2-3　积木程序搭建的操作过程

步骤	操作描述	操作图例
1	初始变量 touch 的值为 0，即初始化灯的状态	设置 touch▼ 的值为 0
2	等待 2s，目的是方便在串口调试窗口中观察灯的状态	等待 2 秒
3	等待，直到发生触摸事件	循环执行 等待 2 秒 等待直到 引脚 52▼ 检测到触摸?
4	找到"如果-否则"积木，拖入主循环体中。在"如果"的条件框内，放置变量 touch 判断语句的积木	如果 变量 touch = 1 那么执行 否则
5	如果 touch 值为 1，则串口显示"灯已开"并重设 touch 值为 0；否则串口显示"灯已闭"并重设 touch 值为 1	如果 变量 touch = 1 那么执行 设置 touch▼ 的值为 0 串口0▼ 字符串输出▼ 灯已开 换行▼ 否则 设置 touch▼ 的值为 1 串口0▼ 字符串输出▼ 灯已闭 换行▼

按表 2-3 完成操作后，触摸开关控制程序完整流程如图 2-9 所示。

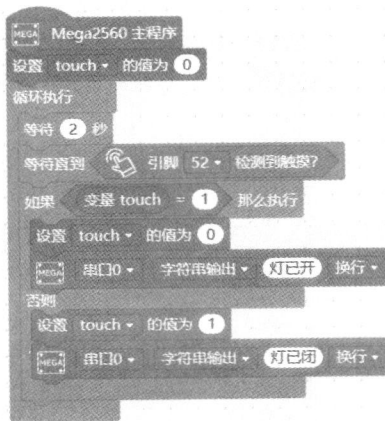

图 2-9　触摸开关控制程序完整流程

活动三　解读程序代码

一、查看 Mind+软件自动生成的代码

通过活动二搭建好了积木程序框架，为了更好地理解程序的运行逻辑，还需要对 Mind+软件自动生成的 Arduino C 语言的代码进行解读，以提高物联网系统编程能力。可以按以下操作，查看 Mind+软件根据积木程序自动生成的 Arduino C 语言的代码（Mind+软件会自动修改变量名、添加注释）。

（1）单击 Mind+软件右上角的"代码区"按钮。

（2）单击"自动生成"选项卡，如图 2-10 所示，就能查看 Mind+软件根据主窗口的积木程序框架自动生成的 Arduino C 语言的代码。

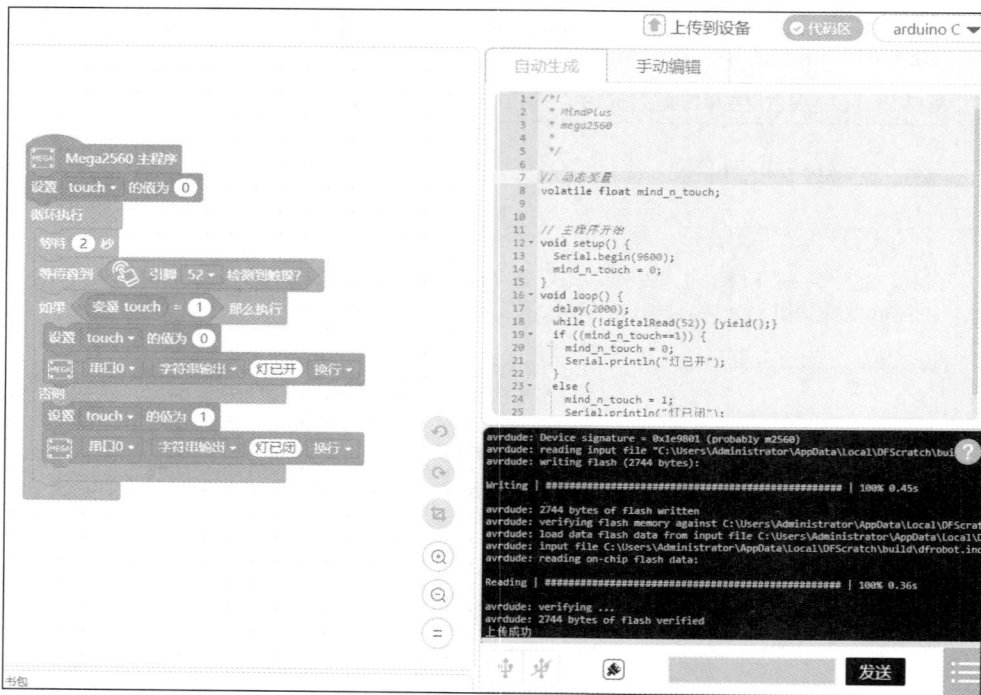

图 2-10　触摸开关的 Arduino C 语言的代码

二、代码解析

主要代码解析如表 2-4 所示。

表 2-4　主要代码解析

代码	含义
/*! * MindPlus * mega2560 * */	这是注释部分，"MindPlus"表示开发平台；"mega2560"表示使用的是 Arduino Mega2560 开发板

续表

代码	含义
// 动态变量 volatile float mind_n_touch;	代码中定义了一个名为 mind_n_touch 的浮点数类型的动态变量，用于存储触摸开关的状态。 volatile 关键字用于告诉编译器 mind_n_touch 变量会被意外改变，因此编译器不应该进行一些优化，以确保读写的正确性

// 主程序开始
void setup() {
    Serial.begin(9600);
	主程序从 setup()函数开始；Serial.begin(9600);用于初始化串行通信，将波特率设置为 9600，以便通过串口与计算机通信

mind_n_touch = 0;	在 setup()函数中，初始化 mind_n_touch 变量的值为 0，即灯为"关"状态
void loop() {	loop()函数：代码的主要执行部分，会一直循环执行
delay(2000);	在 loop()函数中，使用 delay()函数来延迟 2s，让程序暂停一段时间，以免过多占用中央处理器时间
while (!digitalRead(52)) {yield();}	使用 while 循环语句和 yield()函数产生一个无限循环来读取 digitalRead(52)函数返回的值，digitalRead()函数用于读取数字引脚（52）的状态，该引脚与触摸开关输出引脚相连，可按实际情况更改引脚号。如果触摸开关被触摸，则 digitalRead()函数返回 1，否则返回 0。当返回 1 时，"!"表示取反；返回 0 时，跳出该循环

if ((mind_n_touch==1)) {
    mind_n_touch = 0;
    Serial.println("灯已开");
}
	用 if...else 语句进行判断，如果触摸开关原来为"开"状态，则将 mind_n_touch 变量的值设置为 0，表示灯已开，并在串口显示"灯已开"，返回到 delay(2000);处，继续检测触摸开关是否产生触摸事件

else {
    mind_n_touch = 1;
    Serial.println("灯已闭");
}
	否则，将 mind_n_touch 变量的值设置为 1，表示灯已闭，并在串口显示"灯已闭"，返回到 delay(2000);处，继续检测触摸开关是否产生触摸事件

活动四 上传与调试程序

编写完程序后进行程序的上传与调试，具体操作步骤如下。

一、连接设备

在 Mind+软件中选择"上传模式"，使用 USB 连接线将 Arduino Mega2560 开发板连接到计算机上，并单击"连接设备"下拉按钮，如图 2-11 所示，单击相应的设备进行连接。如果没有出现设备，则单击"一键安装串口驱动"后再尝试。

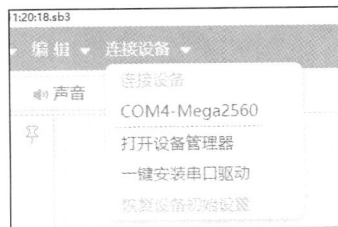

图 2-11 连接设备

二、上传程序

在 Mind+软件中单击右上角的"上传到设备"按钮，如图 2-12 所示，完成程序的上传。

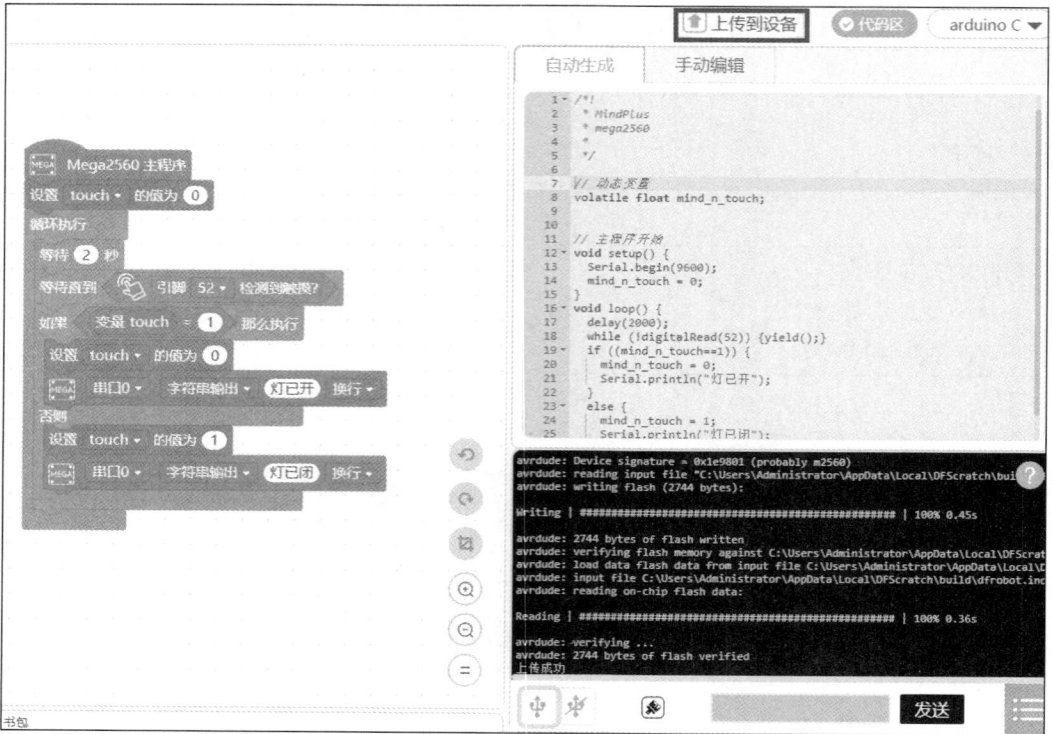

图 2-12　上传程序

三、检查运行效果

用手指触碰触摸开关，触摸开关模块指示灯呈红色，查看串口调试窗口的输出是否反映出灯状态的变化。触摸开关实物连接如图 2-13 所示。触摸开关控制程序运行效果如图 2-14 所示。

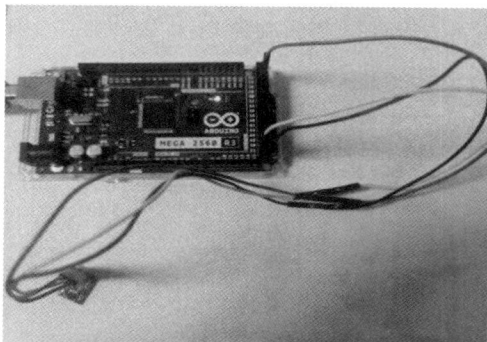

图 2-13　触摸开关实物连接

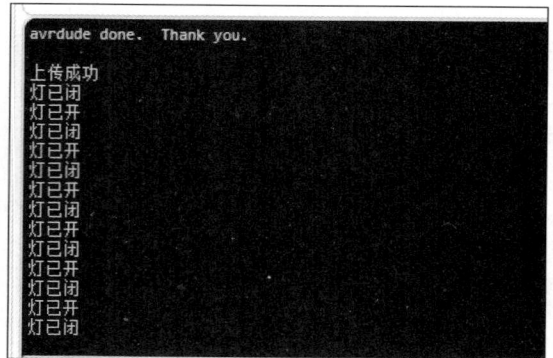

图 2-14　触摸开关控制程序运行效果

【任务评价】

学生在完成本任务的学习后，教师可以根据学生的综合表现给出评分。任务评价表如表 2-5 所示。

表 2-5　任务评价表

序号	主要内容	评价标准	分值/分	得分/分
1	触摸开关的分类及工作原理	能正确说出触摸开关的分类及工作原理	10	
2	触摸开关的识别	能快速、准确地从物联网实训套件中找出触摸开关	10	
3	触摸开关引脚的识别	能准确说出触摸开关引脚标志的含义	10	
4	触摸开关的组装	能根据设备连接图快速连接电路	10	
5	触摸开关的调试	能根据需求，正确配置 Mind+软件	10	
		能使用 Mind+软件，利用积木程序正确编写功能程序	10	
		能正确运行程序，使运行结果与功能需求一致	10	
6	职业素养	实验中，操作要安全、规范。完成实验后，将相关元件、模块等收纳整齐，保持实验桌面干净、整洁	10	
7	学习态度	能主动参与课堂讨论和实践活动，积极寻求解决问题的方法	10	
		能按时完成学习及工作任务	10	
	总计		100	

【拓展学习】

物联网智能感应开关

物联网智能感应开关是一种可以通过物联网技术实现远程控制的开关，它可以通过红外感应、光线感应等方式自动开启或关闭。物联网智能感应开关广泛应用于家庭、办公室等场所，为人们的生活和工作提供方便。

物联网智能感应开关的分类如下。

1. 按照感应技术分类

红外感应开关：利用红外线来感知人体的存在或动作。

声音感应开关：通过声音的变化来感知人体的存在或动作。

微波感应开关：利用微波信号来感知人体的存在或动作。

光感应开关：通过光线的变化来感知人体的存在或动作。

触摸感应开关：通过触摸的方式来感知人体的存在或动作。

2. 按照用途分类

照明感应开关：通过环境光线的变化来控制照明设备的开关。

安防感应开关：通过感应人体动作来触发安防设备，如报警系统、监控摄像头等。

自动门感应开关：感知人体的接近或动作来控制自动门的开关。

智能家居感应开关：与智能家居系统配合使用，通过感知人体的存在或动作来实现自动化控制，如自动开关电器、调节温度等。

3. 按照工作原理分类

主动感应开关：通过主动发射信号并接收反馈来感知人体的存在或动作。

被动感应开关：通过接收周围环境的信号来感知人体的存在或动作。

物联网智能感应开关的技术指标如下。

（1）工作电压：指物联网智能感应开关的工作电压范围，一般为 5～36V。

（2）工作电流：指物联网智能感应开关的工作电流范围，一般为 10～200mA。

（3）工作温度：指物联网智能感应开关能够正常工作的温度范围。

（4）工作寿命：指物联网智能感应开关的工作时间，一般为数万小时。

（5）感应距离：指物联网智能感应开关能够检测到物体的距离范围。

（6）灵敏度：指物联网智能感应开关对物体的敏感程度，即能够检测到的最小变化。

（7）防水等级：指物联网智能感应开关的防水性能，一般分为 IPX1、IPX2、IPX3 等级别。

（8）响应速度：指物联网智能感应开关对变化的反应速度，一般为毫秒级别。

（9）抗干扰能力：指物联网智能感应开关在强电磁场或高噪声环境下仍能正常工作的性能。

（10）安装方式：指物联网智能感应开关的安装方式，包括贴片式、插头式、螺丝固定式等。

　　目前，物联网智能感应开关已广泛应用于多个领域，包括家居智能化改造、办公室智能化改造、工业智能化改造等。这些应用不仅极大地节约了能源、提高了生产效率，还降低了运营成本。随着移动智能终端的普及，物联网智能感应开关的内涵也在不断延伸。在保留遥控开关的基础上，物联网智能感应开关还拓展出智能家居中的能源消耗监控、云服务后台的节点策略建议推送等多种复合场景的增值服务模式。总的来说，物联网智能感应开关的发展不仅提升了家居、办公室、工业等的智能化水平，也为我们提供了更加便捷、舒适、智能的生活体验。未来，随着技术的不断创新和应用场景的拓展，物联网智能感应开关将继续发挥重要作用，引领智能家居等领域的发展。

【思考与练习】

1. 目前流行的卫生间智能镜柜可以自动消除镜子上的雾气，也能打开镜子上的灯。请简述卫生间智能镜柜的工作原理。

2. 完成本任务时会发现，有时手指接近触摸开关但并没有接触到触摸开关，触摸开关就会产生触摸事件，请说明发生这种情况的原因。

3. 在家安装灯具时，一般会在门口设置一个灯的开关，然后在床头设置该灯的另一个开关，形成双控开关，以方便控制灯。请用触摸开关来模拟这个双控场景（提示：可以用两个触摸开关来完成）。

任务二　光敏传感器的安装与调试

【学习目标】

1. 了解光敏传感器的特点。
2. 掌握光敏传感器的连接方法。
3. 能对光敏传感器测试程序进行逻辑分析。
4. 能独立完成积木程序的搭建、上传与调试。
5. 培养精准测量意识和科学严谨的工作态度。

【任务情景】

某小区要改造路灯，使其工作起来更加"智能"，当天色昏暗的时候，路灯能自动开启；当天色明亮的时候，路灯能自动关闭。请使用物联网套件来实现智能路灯。

【任务分析】

为了实现路灯的自动开关功能，首要任务是确定光照强度。在众多传感器中，光敏传感器最适合，它能够根据外界环境的光照强度判断是否开启路灯。

为了实现路灯的智能化改造，我们在物联网套件中选择光敏传感器作为主要设备，并将其安装在路灯的前方。

【相关知识】

一、光敏传感器简介

光敏传感器是一种能够感知光照强度变化的传感器，核心组件是感光半导体元件，如图 2-15 所示。

感光半导体元件有多种类型，常见的感光半导体元件包括光敏电阻、光敏二极管、光敏三极管、光敏电容、光敏阻抗、光敏场效应晶体管（简称光敏场效应管）、光敏二极管阵列等，不同感光半导体元件在不同的应用领域具有不同的特性和优势。根据具体的需求和应用场景，选择合适的光敏传感器类型是很重要的。

图 2-15　感光半导体元件

二、光敏传感器的结构

光敏传感器的结构因传感器类型和设计的不同而有所差异。光敏传感器通常包含以下 6 个基本组件。

（1）感光半导体元件：光敏传感器的核心组件。

（2）外壳：用于保护内部组件和提供结构支撑。外壳通常由塑料或金属材料制成，以保护传感器免受环境影响。

（3）连接接口：用于与其他设备或系统进行数据传输和通信。连接接口可以是模拟输出接口（如电压输出接口）或数字输出接口（如 IIC 接口或 SPI）。

（4）光学滤波器：有些光敏传感器会在感光半导体元件的前面使用光学滤波器。光学滤波器的作用是选择性地传递或阻挡特定波长范围的光，以提高传感器的选择性和性能。

（5）电路和信号处理器件：光敏传感器内部一般包含一些电路和信号处理器件，用于进行放大、滤波、去噪声或其他信号处理操作。这些电路和信号处理器件有助于提高信号质量以满足不同的应用需求。

（6）电源电路：光敏传感器通常需要供电才可以正常工作，因此，光敏传感器内部包含电源电路。

三、光敏传感器中感光半导体元件的工作原理

根据感光半导体元件类型的不同，光敏传感器的工作原理也有所不同。以下是常用的 5 种感光半导体元件的工作原理。

1. 光敏电阻

光敏电阻基于内光电效应，通过测量其电阻值的变化来检测环境中的光照强度。光敏电阻由半导体光敏材料制成，两端装有电极，并封装在带有玻璃窗的管壳内。当光照射到光敏电阻上时，光子的能量被半导体光敏材料吸收，使价带中的电子跃迁到导带，产生自由电子和空穴，如图 2-16 所示。自由电子和空穴的出现降低了电阻值。光照强度越大，自由电子和空穴越多，电阻值越小。当光照消失时，自由电子和空穴逐渐复合，电阻值逐渐恢复到原始状态。

2. 光敏二极管与光敏三极管

光敏二极管通过光的照射来产生电流。当光线照射到光敏二极管的活性层上时，光子的能量被转化为电子的能量。这些光激发的电子会被推向光敏二极管的 PN 结，从而形成电流。光照强度的增加会导致产生更多电子，进而增大电流。

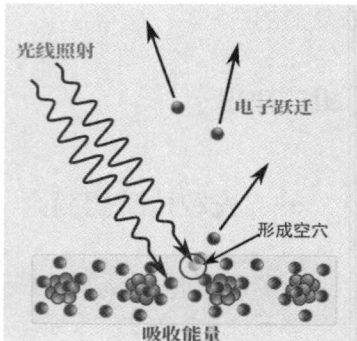

图 2-16　内光电效应原理

光敏三极管和光敏二极管的工作原理相似，都是利用光激发电子产生电流，但光敏三极管具有额外的基极来控制电流，从而在一些应用中可以提供更灵活的控制和调节功能。

3. 光敏电容

光敏电容利用光的照射改变电容值。光敏电容由光敏材料和电极组成。当光线照射到光敏电容上时，光子的能量会影响光敏材料内的电荷分布，从而改变电极之间的电场分布，进而改变电容值。光照强度增加会导致电容值减小，而光照强度减小会导致电容值增大。

4. 光敏阻抗

光敏阻抗与光敏电阻的工作原理相似，都是通过光线的照射来改变阻抗值。光敏阻抗主要是由光敏材料本身的特性决定的。当光线照射到光敏阻抗上时，光子的能量会激发光敏材料内的电荷载流子，改变光敏材料内的电荷分布和电导率。这导致光敏阻抗的阻抗值发生变化，光照强度的增加会使阻抗值减小，而光照强度的减小会使阻抗值增大。

5. 光敏场效应管

光敏场效应管（Photoconductive Field-Effect Transistor，PFET）由光敏材料和场效应晶体管（简称场效应管）组成。当光线照射到光敏材料上时，光子的能量会激发光敏材料内的电荷载流子，改变光敏材料内的电导率。这种变化影响了光敏材料与场效应管的接触区域，从而改变了场效应管的导电特性。光敏场效应管的源-漏电流和门电压之间存在一定的关系，光照强度的增加会导致源-漏电流增大或门电压变化。因此，光敏场效应管可以随光照强度变化产生电流或电压变化。

四、光敏传感器的应用

由于光敏传感器能够感知光照强度的变化，其可以在许多领域中发挥作用。以下是光敏传感器的一些常见应用。

（1）光照度测量：光敏传感器可用于测量光照度，即环境中的光照强度。这在室内和室外照明控制、自动亮度调节和环境监测等方面非常有用。

（2）光敏安全检测：光敏传感器可用于安全检测和控制应用。例如，在自动门系统中，光敏传感器可以检测门口是否有人或障碍物，并相应地触发门的开启或关闭。

（3）光敏控制：在夜间照明系统或智能照明系统中，光敏传感器可以根据环境光照强度自动调整灯光的亮度。

（4）光敏报警系统：光敏传感器可用于安防系统的入侵检测，可以检测窗户、门或其他区域的光照变化，并触发相应的报警系统。

（5）光敏触发器：光敏传感器可用作触发器，将光信号转换为电信号，用于触发其他设备或系统的操作。

（6）光学测量：光敏传感器可用于进行光学测量和分析。在科学研究、光谱分析、光学仪器和光学设备中，光敏传感器可以测量和记录光的强度、光谱和其他光学参数。

（7）光敏交互设备：光敏传感器可用于交互设备，如触摸屏等，它可以感知光的强度变化和反射，并将其转换为相应的指令或动作。

【技能训练】

根据前面的分析，从物联网实训套件中找出本任务所需的硬件设备，硬件设备清单如表 2-6 所示。

表 2-6 硬件设备清单

序号	设备名称
1	光敏传感器
2	Arduino Mega2560 开发板
3	装有 Mind+软件的计算机

活动一 组装设备

一、梳理设备控制的逻辑关系

在本任务中，光敏传感器用来检测环境光，同时将检测结果发送给 Arduino Mega2560 开发板，Arduino Mega2560 开发板根据检测结果进行判断，并将判断结果输出到串口。光敏传感器的设备控制逻辑关系如图 2-17 所示。

二、组装硬件设备

1．识读引脚标志

仔细观察各硬件设备的引脚标志，明确各标志的含义。

本任务使用的光敏传感器有 3 个引脚，分别如下。

（1）VCC 引脚：表示电源正极。

（2）GND 引脚：接地引脚，表示电源负极。

（3）OUT 引脚：信息输出引脚，表示输出信号是一个模拟信号。

2．连接引脚

（1）将 VCC 引脚接到 Arduino 开发板的 3.3V 或 5V 引脚上。

（2）将 GND 引脚接到 Arduino 开发板的 GND 引脚上。

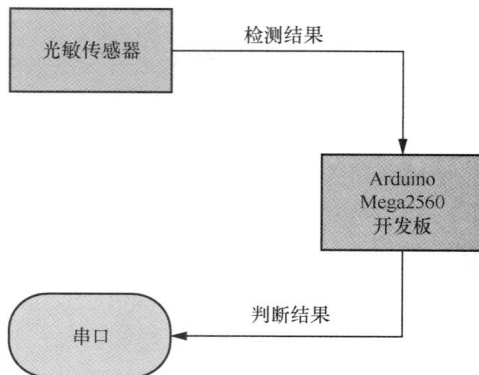

图 2-17　光敏传感器的设备控制逻辑关系

（3）将 OUT 引脚接到 Arduino 开发板的模拟引脚 A0 上。具体接线方式如表 2-7 所示。连接后的效果如图 2-18 所示。

表 2-7　光敏传感器的设备引脚连接

引脚	连向设备的名称	所连向设备的引脚
光敏传感器的 VCC	Arduino 开发板	3.3V 或 5V
光敏传感器的 GND	Arduino 开发板	GND
光敏传感器的 OUT	Arduino 开发板	A0

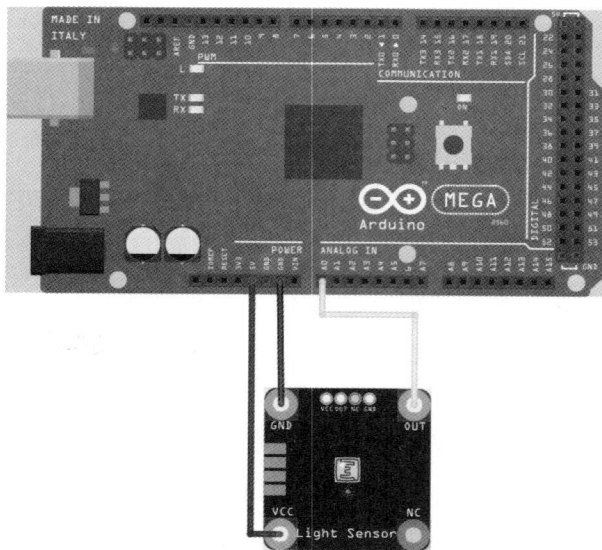

图 2-18　光敏传感器的设备接线效果

组装设备的注意事项如下。

（1）光敏传感器的连接线应该为红线接电源正极、黑线接电源负极，切不可接反。

（2）光敏传感器的输出引脚可与开发板的任何模拟引脚（A0～A15）连接，但需更改程序中相应的引脚参数。

（3）连接线上的引脚较尖锐，在操作过程中要注意安全。

活动二　编写图形程序

一、分析程序流程

光敏传感器测试程序流程图如图 2-19 所示。

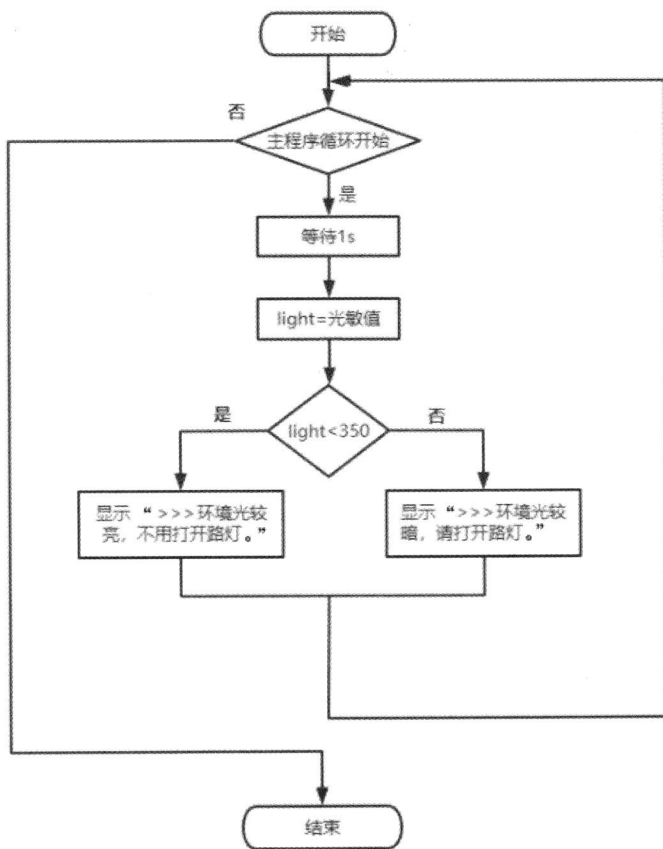

图 2-19　光敏传感器测试程序流程图

（1）等待 1s 的目的是方便在串口调试窗口中观察 light 的值，这不是必需的部分。

（2）因为光敏值会被反复使用，所以定义变量 light 为光敏值，简化程序。读取光敏值。

（3）对 light 值的状态进行判断，当 light 值小于 350 时，表明当时外界光线明亮，无须开灯；当 light 值大于或等于 350 时，表示当时外界光线昏暗，需开灯。

二、搭建积木程序

分析完程序的流程后，利用 Mind+ 软件搭建积木程序。

（1）打开 Mind+ 软件，首先选择"上传模式"；然后在软件的左下角单击"扩展"按钮，选择 Arduino Mega2560 开发板，并选择模拟环境光线传感器作为光敏传感器。

（2）添加完设备后进行程序的搭建，具体的操作过程如表 2-8 所示。

表 2-8　程序搭建的操作过程

步骤	操作描述	操作图例
1	等待 1s，目的是方便在串口调试窗口中观察光敏传感器获取的环境光敏值	等待 1 秒
2	设置 light 的值为光敏传感器获取的环境光敏值并将其转换为整数	设置 light 的值为 四舍五入 将字符串 读取引脚 A0 环境光 转换为 整数
3	使用串口调试窗口输出当前环境的光敏值	串口0 字符串输出 合并 "当前光敏值是：" 变量light 不换行
4	找到"如果-否则"积木，并拖入主循环体中。在"如果"的条件框内，放置变量 light 判断语句的积木	如果 变量light < 350 那么执行 否则
5	放置"如果-否则"执行语句。如果 light 即光敏值小于 350，则串口显示">>>环境光较亮，不用打开路灯。"，否则串口显示">>>环境光较暗，请打开路灯。"	如果 变量light < 350 那么执行 串口0 字符串输出 >>>环境光较亮，不用打开路灯。 换行 否则 串口0 字符串输出 >>>环境光较暗，请打开路灯。 换行

按表 2-8 完成操作后，光敏传感器测试程序完整流程如图 2-20 所示。

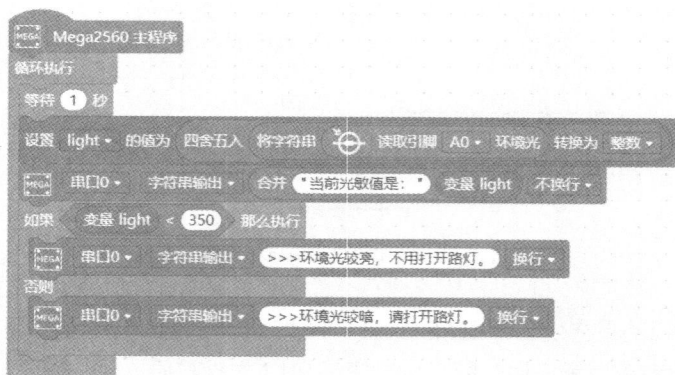

图 2-20　光敏传感器测试程序完整流程

活动三　解读程序代码

一、查看 Mind+软件自动生成的代码

（1）单击 Mind+软件右上角的"代码区"按钮。

（2）单击"自动生成"选项卡，如图 2-21 所示，就能查看 Mind+软件根据主窗口的积木程序框架自动生成的 Arduino C 语言的代码。

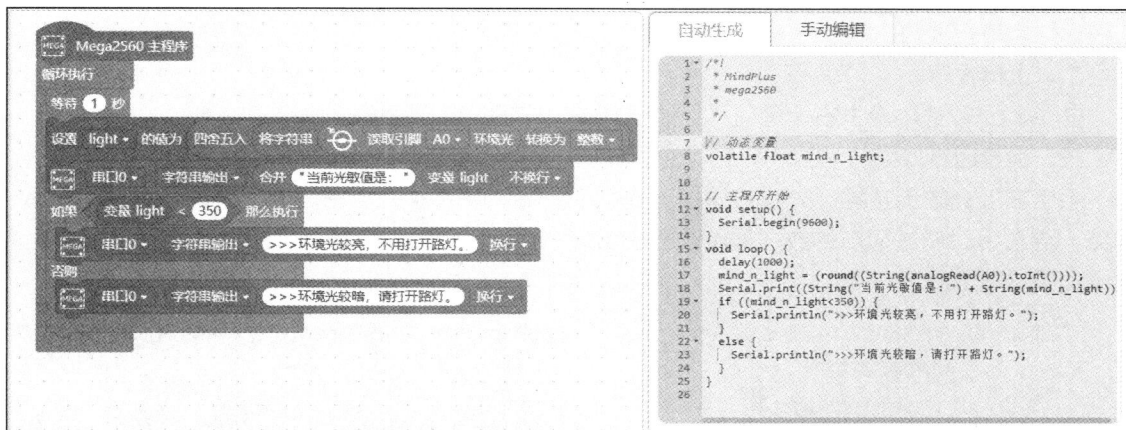

图 2-21　光敏传感器测试程序的 Arduino C 语言的代码

二、代码解析

主要代码解析如表 2-9 所示。

表 2-9　主要代码解析

代码	含义
mind_n_light= (round((String(analogRead(A0)).toInt()))));	analogRead(A0)函数用于读取光敏值，并返回一个浮点数类型的值。因为需要将这个值变为最接近的整数，所以需要使用 round()函数对其进行四舍五入操作。toInt()函数则将四舍五入后的结果转换为整数类型。最后，将四舍五入后的整数赋值给变量 mind_n_light，以便后续判断环境光的强度
Serial.print((String("当前光敏值是：") + String(mind_n_light)));	String(mind_n_light)将浮点数类型的值转换为字符串类型，最终的结果是一个字符串类型的值，表示当前光敏值和环境光的状态，最后通过串口发送出去

if ((mind_n_light<350)) {
　Serial.println(">>>环境光较亮，不用打开路灯。");
}
	mind_n_light<350 表示判断 mind_n_light 是否小于 350（阈值 350 可以根据实际情况改动），如果是，则条件成立，然后执行 Serial.println()函数，将字符串"">>>环境光较亮，不用打开路灯。"发送到串口。返回到 delay(1000);处，继续检测环境光

else {
　Serial.println(">>>环境光较暗，请打开路灯。");
}
	如果大于或等于 350，则执行 Serial.println()函数，将字符串">>>环境光较暗，请打开路灯。"发送到串口。返回到 delay(1000);处，继续检测环境光

活动四　上传与调试程序

编写完程序，进行程序的上传与调试，具体操作步骤如下。

一、连接设备

在 Mind+软件中选择"上传模式",使用 USB 连接线将 Arduino Mega2560 开发板连接到计算机上,并单击"连接设备"菜单,对开发板进行连接。如果没有出现设备,则单击"一键安装串口驱动"后再尝试。

二、上传程序

在 Mind+软件中单击右上角的"上传到设备"按钮,完成程序的上传。

三、检查运行效果

用手靠近光敏传感器,光线被遮挡,光敏值升高,将手移开,在白天光线的照射下,光敏值降低,查看串口调试窗口的数据显示是否因实际情况变化而变化。光敏传感器的实物连接与运行效果如图 2-22 所示。

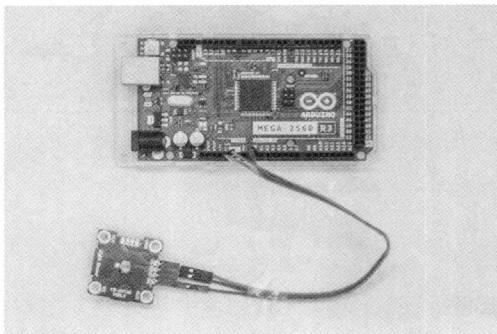
（a）实物连接

（b）运行效果

图 2-22　光敏传感器的实物连接与运行效果

【任务评价】

学生在完成本任务的学习后,教师可以根据学生的综合表现给出评分。任务评价表如表 2-10 所示。

表 2-10　任务评价表

序号	主要内容	评价标准	分值/分	得分/分
1	光敏传感器的分类及工作原理	能正确说出光敏传感器的分类及工作原理	10	
2	光敏传感器的识别	能快速、准确地从物联网实训套件中找出光敏传感器	10	
3	光敏传感器引脚的识别	能准确说出光敏传感器引脚标志的含义	10	
4	光敏传感器的组装	能根据设备连接图快速组装电路	10	
5	光敏传感器的调试	能根据需求,正确搭建和配置 Mind+软件	10	
		能使用 Mind+软件,利用积木程序正确编写功能程序	10	
		能正确运行程序,使运行结果与功能需求一致	10	
6	职业素养	实验中,操作要安全、规范。完成实验后,应将相关元件、模块等收纳整齐,保持实验桌面干净、整洁	10	
7	学习态度	能主动参与课堂讨论和实践活动,积极寻求解决问题的方法	10	
		能按时完成学习及工作任务	10	
总计			100	

【拓展学习】

照相机上的光敏传感器

光敏传感器的种类主要有红外传感器、紫外传感器、光纤式光电传感器、色彩传感器、电荷耦合器件（Charge Coupled Device，CCD）传感器和互补金属氧化物半导体（Complementary Metal Oxide Semiconductor，CMOS）传感器等。照相机上所使用的光敏传感器设计非常复杂，要求也极高，目前主要是 CCD 传感器和 CMOS 传感器。

CCD 传感器通过逐行读取的方式将感光表面上的电信号转化为数字信号，然后形成图像，具有图像清晰、色彩还原度高的特点。CMOS 传感器则是将光子转化为电子，并将其转换成电压信号，再通过控制逻辑将像素信息传递给数字信号处理器，最终生成图像，具有功耗更低和成本更低等优点；但是 CMOS 传感器的灵敏度和噪声容忍度相对较低，在要求高质量图像的应用场景中不太适用，且在高动态范围和低光照条件下，图像会出现色彩失真和噪声增加等问题。

随着技术的不断进步和市场需求的不断增长，CMOS 传感器的应用前景非常广阔，未来的发展方向主要包括提高图像质量、降低功耗和增加集成度等，可以应用于虚拟现实、自动驾驶等领域。

【思考与练习】

1. 请举例说明几个利用光敏传感器工作的设备。
2. 什么是 CCD 传感器和 CMOS 传感器？
3. 顾名思义，太阳能电池是通过太阳光来对电池进行充电的。请问日光灯的灯光是能否对电池进行充电？为什么？
4. 请利用触摸开关、光敏传感器、Arduino Mega2560 开发板等设备，模拟以下场景（结果由串口调试窗口显示）：回到家中，打开灯的开关，灯开始工作，并可以根据当前室内环境光自动调整亮度，以达到最舒适的亮度；夜晚休息时，关闭灯的开关，灯不再工作。

任务三　声音采集传感器的安装与调试

【学习目标】

1. 了解声音采集传感器的工作原理。
2. 能正确识读声音采集传感器的电路图。
3. 能正确连接、安装声音采集传感器。
4. 形成标准化调试记录习惯，建立规范操作意识。

【任务情景】

某老旧居民小区的楼道里原来安装的都是手拉灯，经常有居民开灯以后不关灯，造成很大的能源浪费。为了节能环保，小区物业决定把楼道里的手拉灯全部换成声控灯。请使用物联网套件，制作一个声控灯。

【任务分析】

要利用声音实现对灯的控制功能，首先需要在一定范围内采集到声音，当获取的音量达到一定分贝值时，灯就能自动打开，并持续点亮一段时间，之后，没有采集到新的声音时，灯又自动熄灭。这就需要使用灵敏度较高的声音采集传感器。

根据上述分析，本任务需要使用声音采集传感器、RGB 彩灯模块、Arduino 开发板等设备模拟上述场景。

【相关知识】

一、声音采集传感器简介

声音采集传感器是一种将声音波形转换为电信号的设备，用于捕捉、记录和分析声音，其外观如图 2-23 所示。

以下是 5 种常见的声音采集传感器。

（1）麦克风传感器：麦克风传感器是最常见的声音采集传感器之一，它通过将声音波形转换为电信号来实现声音的采集。基于不同的原理的麦克风传感器，可以用于不同的应用场景。

（2）声呐传感器：声呐传感器利用声波在空气或水中的传播和反射来测量距离和检测目标物体。声呐传感器发送声波信号，并通过测量声波的回波时间或幅度来获取环境中的声音信息。

（3）音频传感器：音频传感器是一种特殊的声音采集传感器，用于捕捉和分析音频信号的特征。音频传感器通常具有高频响应和较宽的频率范围，适用于音频录制、语音识别和音乐处理等。

图 2-23　声音采集传感器外观

（4）声学阵列传感器：声学阵列传感器由多个麦克风组成，可以在多个方向上同时采集声音。通过对声音信号进行时间和幅度差异分析，声学阵列传感器可以实现声源定位和环境声音分析。

（5）声频分析传感器：声频分析传感器用于分析声音信号的频谱、频率特性和音量等参数。声频分析传感器通常与数字信号处理结合，用于声音识别、噪声分析和语音处理等。

二、声音采集传感器的结构

不同类型的声音采集传感器在结构上存在一定的差异，但大部分声音采集传感器包含以下 5 个基本组件。声音采集传感器的结构如图 2-24 所示。

（1）麦克风元件：用于将声音波形转换为相应的电信号。麦克风元件可以采用不同的类型，如电容式麦克风、压阻式麦克风

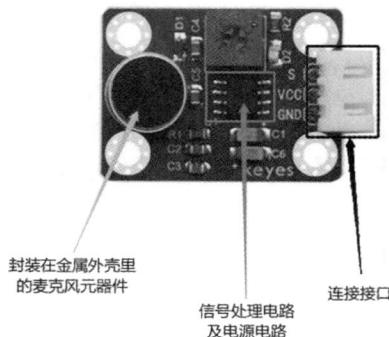

封装在金属外壳里的麦克风元器件

信号处理电路及电源电路

连接接口

图 2-24　声音采集传感器的结构

或电磁式麦克风。

（2）外壳：用于保护内部组件和提供结构支撑。外壳通常由塑料或金属材料制成，以保护传感器免受环境影响。

（3）连接接口：用于与其他设备或系统进行数据传输和通信。连接接口可以是模拟输出接口（如电压输出接口）或数字输出接口（如 IIC 接口或 SPI）。

（4）信号处理电路：用于放大、滤波、去噪声或其他信号处理操作。信号处理电路有助于提高信号质量和满足不同的应用需求。

（5）电源电路：声音采集传感器通常需要供电才能正常工作，因此，声音采集传感器内部包含电源电路。

三、声音采集传感器的工作原理

声音采集传感器通过声压变换和电信号转换的原理，将声音波形转换为相应的电信号。声音采集传感器内部有压电材料，当声波波动通过传感器时会发生机械振动，这种振动会引起压电材料产生电荷变化，并通过接触或接线的方式将其转换为电压信号或电流信号。传感器产生的电信号通常很微弱，因此需要经过放大和处理后才能转换成可用的信号，并以模拟信号或数字信号的形式输出。

四、声音采集传感器的应用

由于声音采集传感器能够感知和测量环境中的声音波形，其可以在许多领域中应用。以下是声音采集传感器的一些常见应用。

（1）语音识别和语音控制：声音采集传感器可用于语音识别和语音控制系统，如语音助手、语音命令控制系统等。通过采集和分析声音波形，声音采集传感器可以捕捉和识别特定的声音指令，并触发相应的操作。

（2）音频记录和广播：声音采集传感器可用于音频录制和广播应用，如音频设备、录音设备和无线麦克风等。声音采集传感器能够捕捉声音波形，并将其转换为电信号，以供录制、放音或广播使用。

（3）声音检测和噪声控制：声音采集传感器可用于环境声音检测和噪声控制，如环境噪声检测、工业噪声控制和安静区域检测等。通过实时采集环境中的声音波形，声音采集传感器可以检测噪声水平，控制噪声源或触发警报。

（4）声学研究和分析：声音采集传感器可用于声学研究和分析，如音频频谱分析、声学实验和声学测量等。通过捕捉和记录声音波形，声音采集传感器可以进行声音频谱分析、声学特性研究和声音信号处理。

（5）声源定位和追踪：声音采集传感器可用于声源定位和追踪系统，如声源定位系统、声音追踪系统等。通过使用多个声音采集传感器并分析声音波形的时间和幅度差异，可以确定声源的位置和移动轨迹。

（6）音频安全检测：声音采集传感器可用于音频安全检测系统，如声音警报系统、声音异常检测系统等。声音采集传感器可以捕捉和分析环境中的异常声音，用于安全监控和入侵检测。

【技能训练】

根据前面的分析，从物联网实训套件中找出本任务所需的硬件设备，硬件设备清单如表 2-11 所示。

表 2-11　硬件设备清单

序号	设备名称
1	Arduino Mega2560 开发板
2	声音采集传感器
3	RGB 彩灯模块
4	已安装 Mind+软件的计算机

活动一　组装设备

一、梳理设备控制的逻辑关系

声音采集传感器用来检测是否有人发出声音，并将检测到的状态信号发送给 Arduino Mega2560 开发板，Arduino Mega2560 开发板根据检测结果，向 RGB 彩灯模块发送灯光控制信号。各设备之间的逻辑关系如图 2-25 所示。

图 2-25　声音采集传感器的设备控制逻辑关系

二、组装硬件设备

1. 识读引脚标志

仔细观察各硬件设备的引脚标志，并准确理解各个标志的含义。

（1）声音采集传感器的 VCC 引脚表示电源正极。

（2）声音采集传感器的 GND 引脚是接地引脚，表示电源负极。

（3）声音采集传感器的 S 引脚为信息输出引脚，表示声音采集传感器的输出状态，输出信号为模拟信号，可以连接到 Arduino 开发板的任意模拟引脚上。

（4）RGB 彩灯模块具有 3 个引脚 R、G、B，分别代表红色、绿色和蓝色的灯光信号。

（5）RGB 彩灯模块的 GND 引脚是接地引脚，用于连接电源的负极。

2. 连接引脚

按如下步骤连接引脚。

（1）将声音采集传感器的 VCC 引脚接到 Arduino 开发板的 3.3V 或 5V 引脚上。

（2）将声音采集传感器的 GND 引脚与 Arduino 开发板的 GND 引脚相连。

（3）使用引线将声音采集传感器的 S 引脚接到 Arduino 开发板的模拟引脚 A0 上。

（4）将 RGB 彩灯模块的 R、G、B 这 3 个引脚分别与 Arduino 开发板的数字引脚 2、3、4 相连。

（5）将 RGB 彩灯模块的 GND 引脚与 Arduino 开发板的 GND 引脚相连。

可以根据表 2-12 的内容进行硬件连接。连接后的效果如图 2-26 所示。

表 2-12　声音采集传感器的设备引脚连接

引脚	连向设备的名称	所连向设备的引脚
声音采集传感器的 VCC	Arduino 开发板	3.3V 或 5V
声音采集传感器的 GND	Arduino 开发板	GND
声音采集传感器的 S	Arduino 开发板	A0
RGB 彩灯模块的 GND	Arduino 开发板	GND
RGB 彩灯模块的 R	Arduino 开发板	2
RGB 彩灯模块的 G	Arduino 开发板	3
RGB 彩灯模块的 B	Arduino 开发板	4

组装设备的注意事项如下。

（1）声音采集传感器的 S 端传输的信号是模拟信号，因此需要接在 Arduino 开发板的 Analog in 区域的端口上。

（2）声音采集传感器的 VCC 引脚是驱动电流的输入端，可以接 3.3V 电压，也可以接 5V 电压。

（3）连接线上的引脚较尖锐，在操作过程中要注意安全。

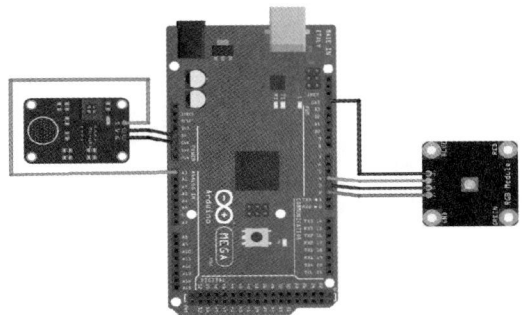

图 2-26　声控灯的设备连接效果

活动二　编写图形程序

一、分析程序流程

声控灯程序流程图如图 2-27 所示。

（1）定义变量 temp，表示声音采集传感器的检测结果。

（2）当声音采集传感器检测到有声音时，temp 变量会接收模拟引脚 A0 的信号，并通过 Arduino 开发板的模数转换模块将其转换成 0 ~ 1023 的整数，数值越大，表示检测到的声音响度越大，当数值为 0 时，表示当前没有检测到声音。

（3）"串口输出 temp"是用于在编程过程中检测声音采集传感器是否正确工作的，这不是必需的部分。

（4）对 temp 值的大小进行判断。在调试程序时，我们可根据现场的声音情况，对声音的阈值进行合理的设置，避免声音采集传感器控制 RGB 彩灯模块过于敏感或过于迟钝。在本任务中，我们将控制阈值设置为 200。

二、搭建积木程序

分析完程序的流程，利用 Mind+软件搭建积木程序。

（1）打开 Mind+软件，首先选择"上传模式"，然后在软件的左下角单击"扩展"按钮，添加 Arduino Mega2560 开发板，并选择模拟声音传感器作为声音采集传感器。

（2）添加完设备后就可以进行程序的搭建，具体的操作过程如表 2-13 所示。

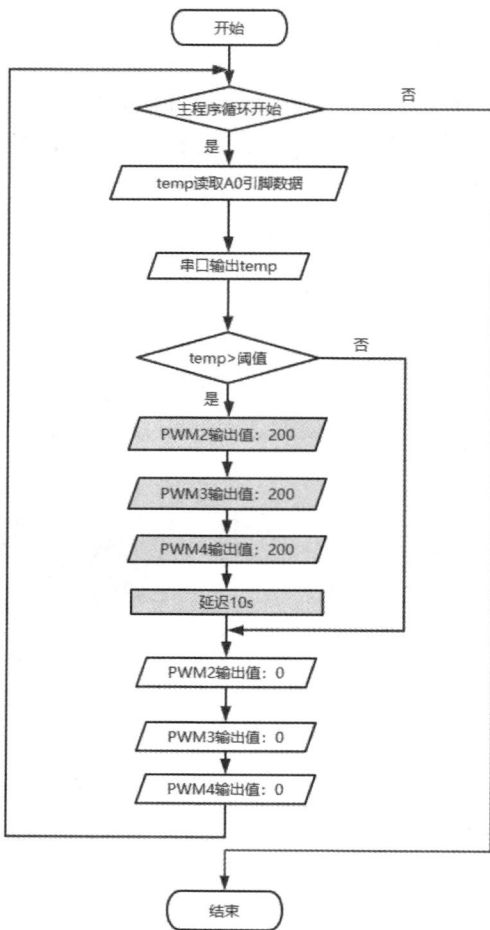

图 2-27 声控灯程序流程图

表 2-13 程序搭建的操作过程

步骤	操作描述	操作图例
1	定义一个数字类型变量 temp，用于表示声音采集传感器的检测结果	变量 temp
2	设置 temp 的值为读取模拟引脚 A0 的值	设置 temp▾ 的值为 将字符串 读取模拟引脚 A0▾ 转换为 整数▾　串口0▾ 字符串输出▾ 变量 temp 换行▾
3	找到"如果-那么"积木，拖入主循环体中。在"如果"的条件框内，设置判断变量 temp 的值是否大于阈值 200 的条件。如果条件成立，则设置数字引脚 2、3、4 分别输出数值 200（打开 LED 灯）	如果 变量 temp > 200 那么执行　设置pwm引脚 2▾ 输出 200　设置pwm引脚 3▾ 输出 200　设置pwm引脚 4▾ 输出 200
4	设置等待 10s，这是考虑正常人走过一层楼道所需的时间，视具体情况而定。10s 后，自动熄灯，设置数字引脚 2、3、4 分别输出数值 0（关闭 LED 灯）	等待 10 秒　设置pwm引脚 2▾ 输出 0　设置pwm引脚 3▾ 输出 0　设置pwm引脚 4▾ 输出 0

按表 2-13 完成操作后，声控灯程序完整流程如图 2-28 所示。

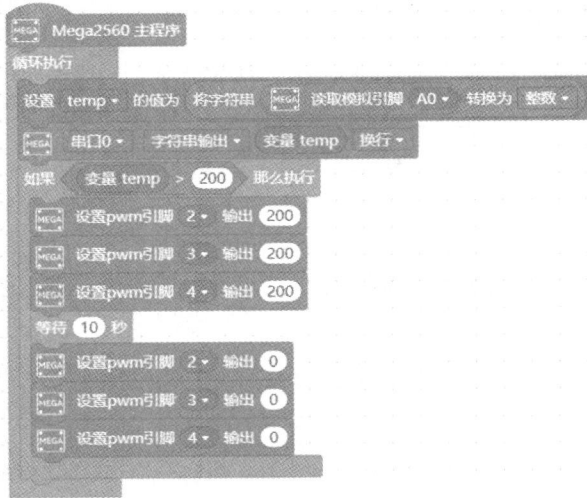

图 2-28　声控灯程序完整流程

活动三　解读程序代码

一、查看 Mind+ 软件自动生成的代码

（1）单击 Mind+ 软件右上角的"代码区"按钮。

（2）单击"自动生成"选项卡，如图 2-29 所示，就能查看 Mind+ 软件根据主窗口的积木程序框架自动生成的 Arduino C 语言的代码。

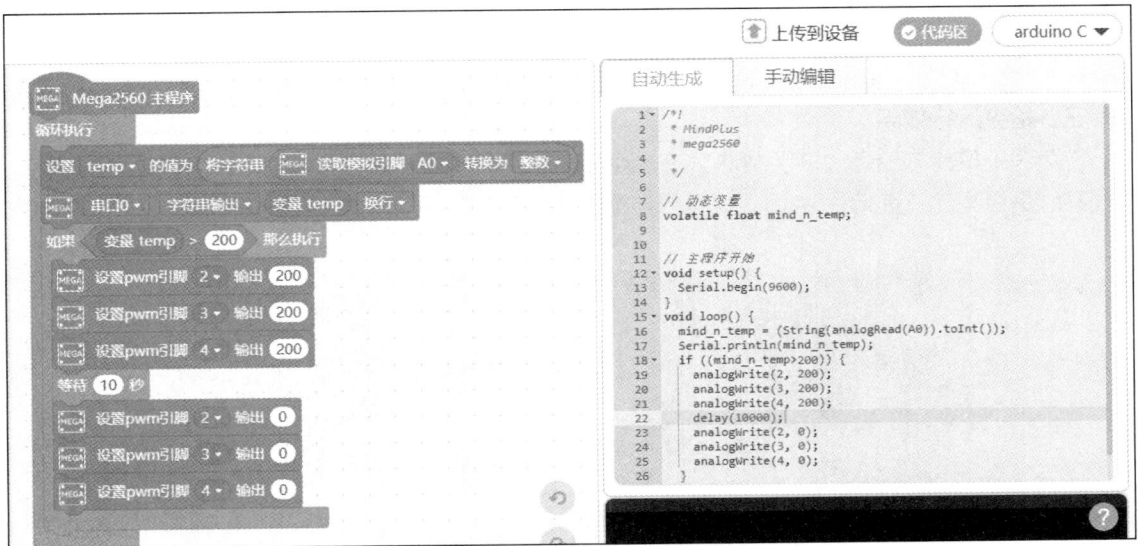

图 2-29　声控灯的 Arduino C 语言的代码

二、代码解析

主要代码解析如表 2-14 所示。

表 2-14 主要代码解析

代码	含义
mind_n_temp = (String(analogRead(A0)).toInt());	从模拟引脚 A0 读取模拟信号，然后将其转换为整数，并将结果存储在 mind_n_temp 变量中
Serial.println(mind_n_temp);	将上一步读取的数值通过串口发送给计算机，以便在串口调试窗口中查看
if ((mind_n_temp>200)) {	这是一个条件语句，用于检查 mind_n_temp 变量是否大于 200。如果条件成立，那么以下的代码块将会执行

analogWrite(2, 200);
analogWrite(3, 200);
analogWrite(4, 200);
	向数字引脚 2、3、4 输入模拟信号，设置占空比为 200/255，即设置输出电压的百分比约为 78.4%。
	analogWrite()函数是 Arduino 提供的函数，用于模拟输出（PWM 输出），它允许通过改变电压的占空比来模拟不同的电压值。它虽然称为 analogWrite，但实际上是在数字引脚上生成 PWM 信号，模拟连续的变化

delay(10000);	等待 10s，这段时间内上述模拟输出会保持不变

活动四　上传与调试程序

编写完程序后要进行程序的上传与调试，具体操作步骤如下。

一、连接设备

在 Mind+软件中，选择"上传模式"，使用 USB 连接线将 Arduino Mega2560 开发板连接到计算机上，并单击"连接设备"菜单，对开发板进行连接。

二、上传程序

在 Mind+软件中单击右上角的"上传到设备"按钮，完成程序的上传。

三、检查运行效果

在声音采集传感器旁边拍手制造声音，观察声音采集传感器采集到的声音响度是否达到阈值，再观察灯是否亮起，等待 10s 后，灯是否自动熄灭。声控灯运行效果如图 2-30 所示。

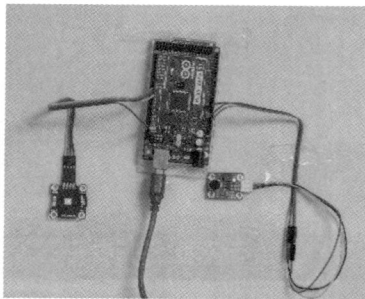
（a）灯未亮

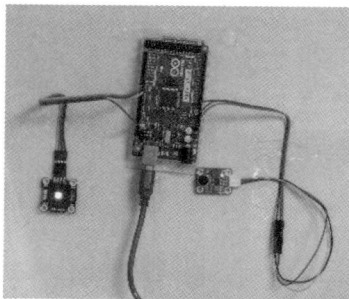
（b）灯亮

图 2-30 声控灯运行效果

【任务评价】

学生在完成本任务的学习后，教师可以根据学生的综合表现给出评分。任务评价表如表 2-15 所示。

表 2-15　任务评价表

序号	主要内容	评价标准	分值/分	得分/分
1	声音采集传感器的分类及工作原理	能正确说出声音采集传感器的分类及工作原理	10	
2	声音采集传感器的识别	能快速、准确地从物联网实训套件中找出声音采集传感器	10	
3	声音采集传感器引脚的识别	能准确说出声音采集传感器引脚标志的含义	10	
4	声音采集传感器的组装	能根据设备连接图快速组装电路	10	
5	声音采集传感器的调试	能根据需求，正确搭建和配置 Mind+ 软件	10	
		能使用 Mind+ 软件，利用积木程序正确编写功能程序	10	
		能正确运行程序，使运行结果与功能需求一致	10	
6	职业素养	实验中，操作要安全、规范。完成实验后，应将相关元件、模块等收纳整齐，并保持实验桌面干净、整洁	10	
7	学习态度	能主动参与课堂讨论和实践活动，积极寻求解决问题的方法	10	
		能按时完成学习及工作任务	10	
总计			100	

【拓展学习】

声音采集传感器的应用

声音采集传感器是一种利用声波进行物体检测、信号采集和处理的设备。声音采集传感器具有非接触式感应、灵敏度高、稳定性好、功耗低等优势，适用于安防、智能家居、智能交通、医疗健康、消费电子等领域。然而，声音采集传感器也存在一些局限性，如受外界噪声干扰、需要专业算法支持和应用场景有限等。

在安防领域，声音采集传感器可以用于识别银行金库门口的异常情况，并及时通知安保人员进行处理。

在智能家居领域，声音采集传感器可以通过识别声音实现自动控制，如打开灯和空调等。

在智能交通领域，声音采集传感器可以通过识别车辆发出的声音来判断车辆类型和行驶方向，实现车辆计数和流量统计等功能。

在医疗健康领域，声音采集传感器可以用于诊断呼吸道疾病，例如通过采集患者的咳嗽声并分析其特征来判断疾病类型。

在消费电子领域，声音采集传感器可以用于智能手机、智能手表等设备中，实现语音识别和控制、健康监测和运动追踪等功能。

随着人工智能和机器学习的发展，声音采集传感器将更加智能化，且具有更高的精度和可靠性。同时，随着人们对健康的重视和需求的提高，声音采集传感器在医疗健康领域的应用将逐渐增加，声音采集传感器将成为现代社会发展不能缺少的部分。

【思考与练习】

1. 人耳可听声的频率范围是多少？
2. 声音采集传感器有哪些类型？
3. 请进一步完善本任务，实现只在夜晚或亮度较低的阴天启动声控灯（提示：可搭配使用光敏传感器。）

任务四　温湿度传感器的安装与调试

【学习目标】

1. 了解 DHT11 温湿度传感器的结构和工作原理。
2. 能根据温湿度传感器电路图正确识别引脚，并进行正确的组装。
3. 能使用物联网系统软件开发平台获取温湿度传感器的数据。
4. 培养数据严谨性，树立质量第一意识。

【任务情景】

请利用物联网套件，设计、制作一个智能花盆，以便实时获取植物生长环境的温湿度数据。

【任务分析】

要获取环境的温湿度数据，必须使用温湿度传感器，而温湿度传感器有许多类型，需要根据应用场景的要求来选择测量范围、精度适中的传感器。

在本任务中，我们要获取的温湿度数据为居住环境的室内温度和湿度。根据上述分析，本任务需要使用 DHT11 温湿度传感器、Arduino 开发板等设备。

【相关知识】

一、温湿度传感器简介

温湿度传感器是一种用于测量环境温度和湿度的传感器。温湿度传感器通常由一个温度传感器和一个湿度传感器组成，分别用于检测环境中的温度和湿度变化。本书使用 DHT11 温湿度传感器实现任务，DHT11 温湿度传感器具有低成本、易于使用、集成度高、低功耗等优点。

二、DHT11 温湿度传感器的结构

DHT11 温湿度传感器的结构相对简单，如图 2-31 所示，主要由以下 5 个基本组件组成。

（1）传感元件：DHT11 温湿度传感器内部的传感元件包括一个热敏电阻（NTC 热敏电阻）和

一个湿敏元件（电阻式湿敏元件），它们分别负责测量温度和湿度的变化。

（2）控制电路（MCU）：DHT11 温湿度传感器内部包含一个控制电路，用于控制传感元件的工作和数据传输过程。控制电路通常由微控制器或专用集成电路组成。

（3）数字信号处理器（DSP）：DHT11 温湿度传感器包含一个数字信号处理器，用于解码传感元件测量的数据，并将其转换为可用的温度值和湿度值。

（4）单线串行通信引脚（DATA 引脚）：DHT11 温湿度传感器具有一个单线串行通信引脚，用于与主控设备进行数据交互。通过这个引脚，主控设备可以发送启动信号并接收传感器传输的温湿度数据。

（5）外壳：DHT11 温湿度传感器通常包含一个外壳，用于保护内部组件并提供便于安装和固定的结构。

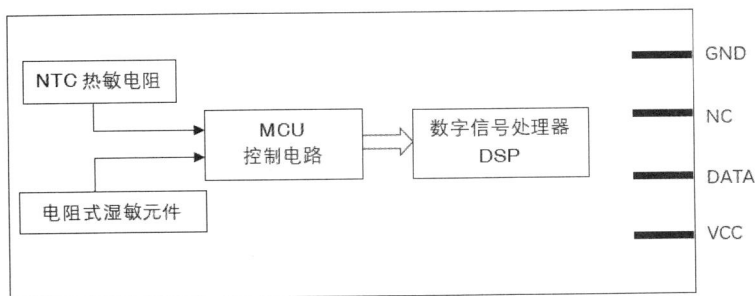

图 2-31　DHT11 温湿度传感器的结构

三、DHT11 温湿度传感器的工作原理

DHT11 温湿度传感器是一种数字温湿度传感器，它使用单线串行通信协议与主控设备（微控制器）进行数据交互。DHT11 温湿度传感器的工作原理如下。

（1）启动信号：主控设备向 DHT11 温湿度传感器发送一个启动信号，以请求温湿度数据。启动信号为一个低电平信号，持续时间至少 18ms，然后拉高信号并保持至少 20μs。

（2）数据传输：DHT11 温湿度传感器在收到启动信号后开始进行温湿度数据的测量，并将数据以二进制形式传输回主控设备。

（3）数据编码：DHT11 温湿度传感器通过单线串行通信协议将温湿度数据编码传输。每个数据位的传输通过时间间隔的高低电平来表示，高电平时间间隔表示逻辑 1，低电平时间间隔表示逻辑 0。

（4）数据格式：DHT11 温湿度传感器发送 40 位数据，其中包括 16 位湿度数据、16 位温度数据和 8 位校验和。数据的高位先传输。

（5）数据解码：主控设备接收 DHT11 温湿度传感器发送的温湿度数据，并根据时间间隔来解码温度和湿度数据。通过测量高低电平的时间间隔，主控设备可以获取温度和湿度数据，并进行校验以确保数据的准确性。

（6）数据计算：解码后的温度和湿度数据可以通过一定的计算公式转换为实际的温度和湿度值。

四、DHT11 温湿度传感器的应用

由于 DHT11 温湿度传感器具有低成本、易用等特点，其在许多领域都有应用。以下是 DHT11 温湿度传感器的常见应用。

1. 室内温湿度检测

DHT11 温湿度传感器可用于检测室内环境的温度和湿度。这对于保持舒适的室内气候、控制空调和加湿器等设备的运行非常重要。

2. 温湿度控制

DHT11 温湿度传感器可用于温湿度控制，使用场景如温室、孵化箱、恒温箱等。通过测量温湿度并与设定值进行比较，DHT11 温湿度传感器可以自动控制加热设备、冷却设备和湿化设备。

3. 大气环境监测

DHT11 温湿度传感器可用于检测大气中的温度和湿度，常用于环境监测和气候研究等领域。

4. 仓储管理

DHT11 温湿度传感器可用于检测仓库或储存设施内的温湿度，以确保货物的质量和保存条件。

5. 农业应用

DHT11 温湿度传感器可用于农业领域，检测温室、农田和养殖场的温湿度，帮助农民控制种植条件和动物饲养环境。

6. 家庭自动化

DHT11 温湿度传感器可用于家庭自动化系统，例如智能恒温器、湿度控制器和智能家居设备等。DHT11 温湿度传感器可与其他设备集成，实现自动化控制和智能化管理。

需要注意的是，DHT11 温湿度传感器虽然应用广泛，但在一些对测量精度要求较高的应用中不太适用。在这种情况下，需要更高精度的温湿度传感器。

【技能训练】

根据前面的分析，从物联网实训套件中找出本任务所需的硬件设备，硬件设备清单如表 2-16 所示。

表 2-16　硬件设备清单

序号	设备名称
1	Arduino Mega2560 开发板
2	DHT11 温湿度传感器
3	已安装 Mind+软件的计算机

活动一　组装设备

一、梳理设备控制的逻辑关系

在本任务中，使用 DHT11 温湿度传感器来检测当前环境的温度和湿度，并将检测到的温湿度数据发送给 Arduino Mega2560 开发板。通过程序将温湿度数据解析出来，并在串口调试窗口中

查看当前的温度和湿度。各硬件之间的关系如图 2-32 所示。

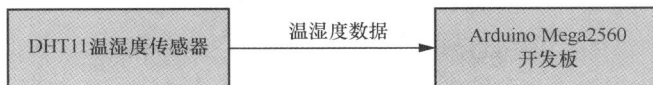

图 2-32　各硬件之间的关系

二、组装硬件设备

1. 识读引脚标志

仔细观察各硬件设备的引脚标志，并准确理解各个标志的含义。

（1）DHT11 温湿度传感器的 VCC 引脚表示电源正极。

（2）DHT11 温湿度传感器的 GND 引脚为接地引脚，表示电源负极。

（3）DHT11 温湿度传感器的 OUT 引脚为信息输出引脚，表示 DHT11 温湿度传感器的输出状态，输出信号是一个数字信号。

2. 连接引脚

按如下步骤连接引脚。

（1）将 DHT11 温湿度传感器的 VCC 引脚接到 Arduino 开发板的 3.3V 或 5V 引脚上。

（2）将 DHT11 温湿度传感器的 GND 引脚与 Arduino 开发板的 GND 引脚连接在一起。

（3）把 DHT11 温湿度传感器的 OUT 引脚接到 Arduino 开发板的任意数字引脚上，本任务中使用 Arduino 开发板 DIGITAL 区域的引脚 2。

可以根据表 2-17 所示的内容进行硬件连接。连接后的效果如图 2-33 所示。

表 2-17　智能花盆的设备引脚连接

引脚	连向设备的名称	所连向设备的引脚
DHT11 温湿度传感器的 VCC	Arduino 开发板	3.3V 或 5V
DHT11 温湿度传感器的 GND	Arduino 开发板	GND
DHT11 温湿度传感器的 OUT	Arduino 开发板	2

组装设备的注意事项如下。

（1）DHT11 温湿度传感器的 OUT 引脚传输的信号是数字信号，因此需要接在 Arduino 开发板的 DIGITAL 区域的端口上。

（2）DHT11 温湿度传感器的 VCC 是供电电源的输入端，可以接 3.3V 电压，也可以接 5V 电压。

（3）连接线上的引脚较尖锐，在操作过程中要注意安全。

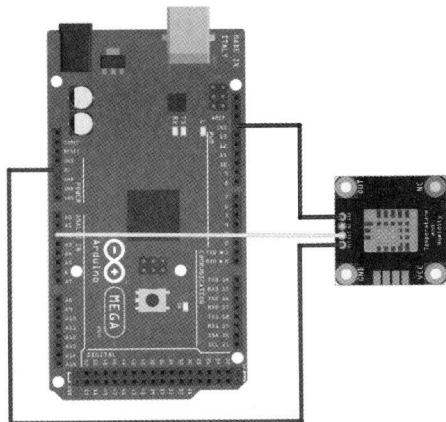

图 2-33　智能花盆的设备连接效果

活动二　编写图形程序

一、分析程序流程

智能花盆程序流程图如图 2-34 所示。

（1）添加 DHT11 温湿度传感器。

（2）DHT11 是一个已经校准过的数字温湿度传感器（它内部的传感器元件在制造过程中经过了标定，以确保在一定的误差范围内提供准确的温度和湿度参数），通过 Arduino 开发板的数字引脚接收的数字信号会被解析为一个包含温湿度参数的封装对象，因此，连接好硬件后，需要调用 Mind+软件中 DHT11/22 封装好的传感器方法，对串口传回的数据进行解析，读取传感器返回的温度值与相对湿度值。

（3）通过对串口传回的数据进行解析，可以获取当前环境的温湿度数据，其类型为数字类型，需要对数据的格式和类型进行转换，才能在串口调试窗口中正确显示。本任务使用的 DHT11 温湿度传感器的测量精度为湿度 ±5%RH，温度 ±2℃，测量范围为湿度 5%～95%RH，温度−20℃～60℃，温度和湿度值只能精确到个位，为了美化输出信息的格式，需要去除小数。

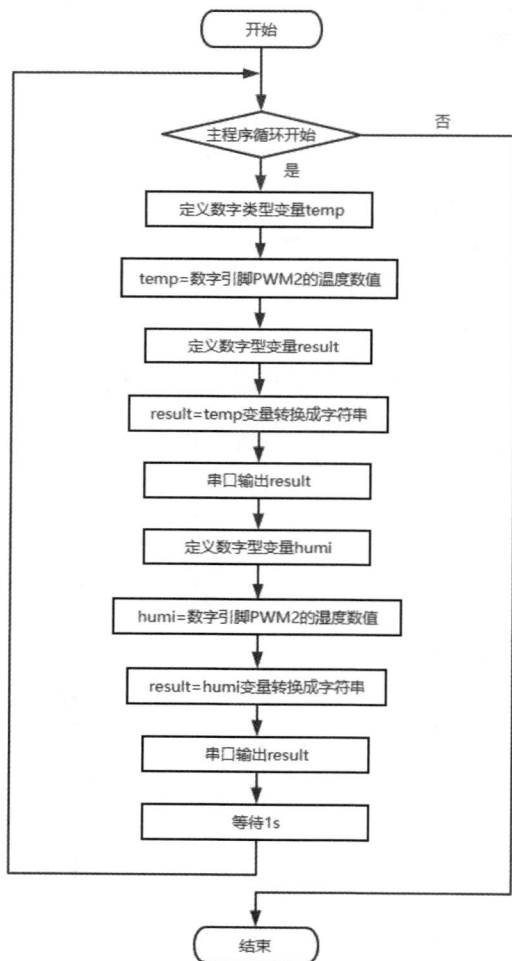

图 2-34　智能花盆程序流程图

二、搭建积木程序

分析完程序的流程后，利用 Mind+软件搭建积木程序。

（1）打开 Mind+软件，首先选择"上传模式"；然后在软件的左下角单击"扩展"按钮，添加

Arduino Mega2560 开发板。并选择"DHT11/22 温湿度传感器",如图 2-35 所示。

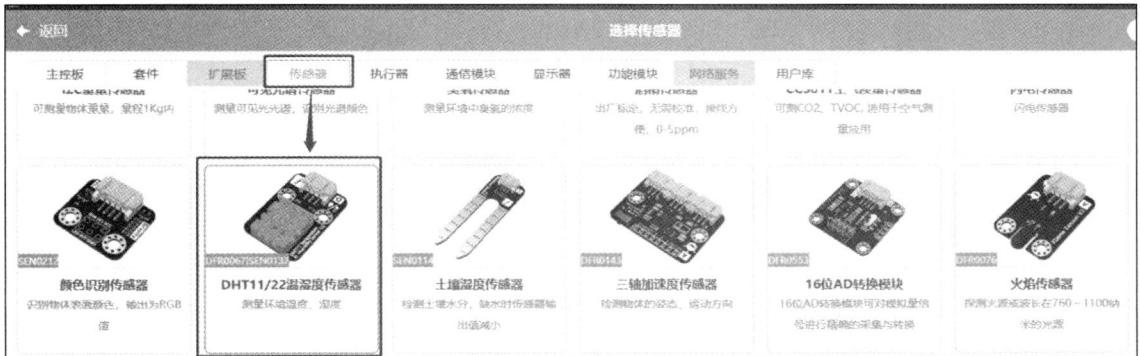

图 2-35　添加温湿度传感器

（2）添加开发板和温湿度传感器后就可以进行程序的搭建,具体的操作过程如表 2-18 所示。

表 2-18　程序搭建的操作过程

步骤	操作描述	操作图例
1	定义一个数字类型变量 temp,用于接收 DHT11 温湿度传感器返回的数据	变量 temp
2	在"传感器"中找到"DHT11/22 温湿度传感器",拖动"读取引脚 2,DHT11 温度(℃)"积木	读取引脚 2　DHT11　温度(℃)
3	将变量模块下的"设置 temp 的值为"积木拖动到主窗口,将"读取引脚 2…"积木拖放到"设置 temp 的值"积木的数值框中,完成变量赋值	Mega2560 主程序 循环执行 设置 temp 的值为 读取引脚 2　DHT11　温度(℃)
4	使用"运算符"板块中的"合并"积木,设置第一个文本框为""当前温度是:"",在第二个文本框中插入"变量 temp"积木	合并 "当前温度是:" 变量 temp
5	在"变量"板块中,新建字符串类型变量,设置变量名为 result,拖动"设置 result 的值为'temp'"积木到主窗口中,在其文本框内插入"合并"积木,并将它放到主程序中	设置 result 的值为 合并 "当前温度是:" 变量 temp
6	将"串口操作"板块中的"串口 0 字符串输出 temp"积木拖到主窗口中,在其文本框中插入"合并"积木,在"合并"积木的第一个文本框中插入"变量 reslut",在第二个文本框中插入""℃""符号,最后将"串口 0 字符串输出"积木插入主程序中,完成温度数据的获取	串口0　字符串输出 合并 变量 result "℃" 换行
7	按上述操作步骤,新建数字类型变量 humi,并设置 humi 的值为"读取引脚 2,DHT11 湿度(%rh)"	设置 humi 的值为 读取引脚 2　DHT11　湿度(%rh)
8	参照步骤 4~步骤 6,使用串口输出湿度值	设置 humi 的值为 读取引脚 2　DHT11　湿度(%rh) 设置 result 的值为 合并 "当前湿度为:" 变量 humi 串口0　字符串输出 合并 变量 result "%" 换行
9	为了在程序运行时方便查看和记录温湿度数据,在程序末尾处添加"等待 1 秒"积木	等待 1 秒

按表 2-18 完成操作后，智能花盆程序完整流程如图 2-36 所示。

图 2-36　智能花盆程序完整流程

活动三　解读程序代码

一、查看 Mind+软件自动生成的代码

（1）单击 Mind+软件右上角的"代码区"按钮。

（2）单击"自动生成"选项卡，如图 2-37 所示，就能查看 Mind+软件根据主窗口的积木程序框架自动生成的 Arduino C 语言的代码。

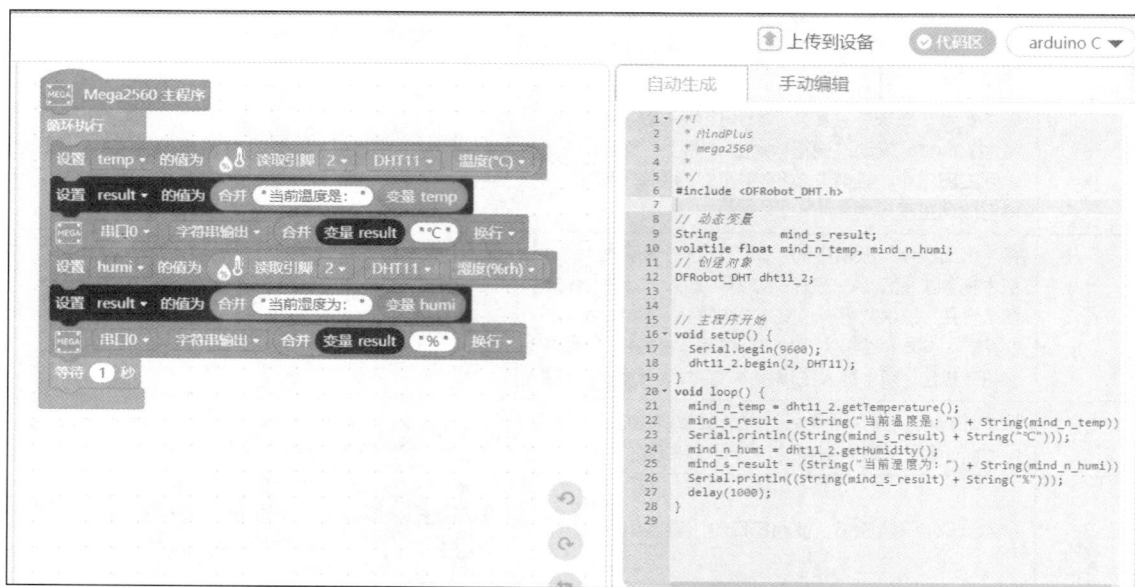

图 2-37　智能花盆的 Arduino C 语言的代码

二、代码解析

主要代码解析如表 2-19 所示。

表 2-19　主要代码解析

代码	含义
#include <DFRobot_DHT.h>	引入了一个名为 DFRobot_DHT 的库，该库用于操作 DHT 系列温湿度传感器
// 动态变量 String mind_s_result;	定义一个字符串类型变量 mind_s_result，用于存储要输出到串口的结果
volatile float mind_n_temp, mind_n_humi;	当使用 volatile 关键字修饰变量时，编译器会确保每次访问这个变量的时候都从内存中读取最新的值，而不会使用之前缓存的值。在多线程环境中，或者当变量的值会被外部因素（如硬件中断）修改的情况下，保持数据的一致性和可预测性是非常重要的
// 创建对象 DFRobot_DHT dht11_2;	创建一个名为 dht11_2 的 DHT11 温湿度传感器对象
dht11_2.begin(2, DHT11);	初始化 dht11_2 对象，指定传感器连接的引脚 2 和传感器类型 DHT11
mind_n_temp = dht11_2.getTemperature();	从 dht11_2 对象中读取温度，并将其存储在 mind_n_temp 变量中
mind_s_result = (String("当前温度是：") + String (mind_n_temp));	构建一个包含温度值的字符串，并将其存储在 mind_s_result 变量中
Serial.println((String(mind_s_result) + String("℃")));	将温度值和单位（℃）一起输出到串口调试窗口
mind_n_humi = dht11_2.getHumidity();	从 dht11_2 对象中读取湿度，并将其存储在 mind_n_humi 变量中
mind_s_result = (String("当前湿度为：") + String (mind_n_humi));	构建一个包含湿度值的字符串，并将其存储在 mind_s_result 变量中
Serial.println((String(mind_s_result) + String("%")));	将湿度值和单位（%）一起输出到串口调试窗口
delay(1000);	延迟 1s，以便稍等一段时间再次读取温湿度数据

活动四　上传与调试程序

编写完程序后要进行程序的上传与调试，具体操作步骤如下。

一、连接设备

在 Mind+软件中选择"上传模式"，使用 USB 连接线将 Arduino Mega2560 开发板连接到计算机上，并单击"连接设备"菜单，对开发板进行连接。

二、上传程序

在 Mind+软件中单击右上角的"上传到设备"按钮，如图 2-38 所示，完成程序的上传。

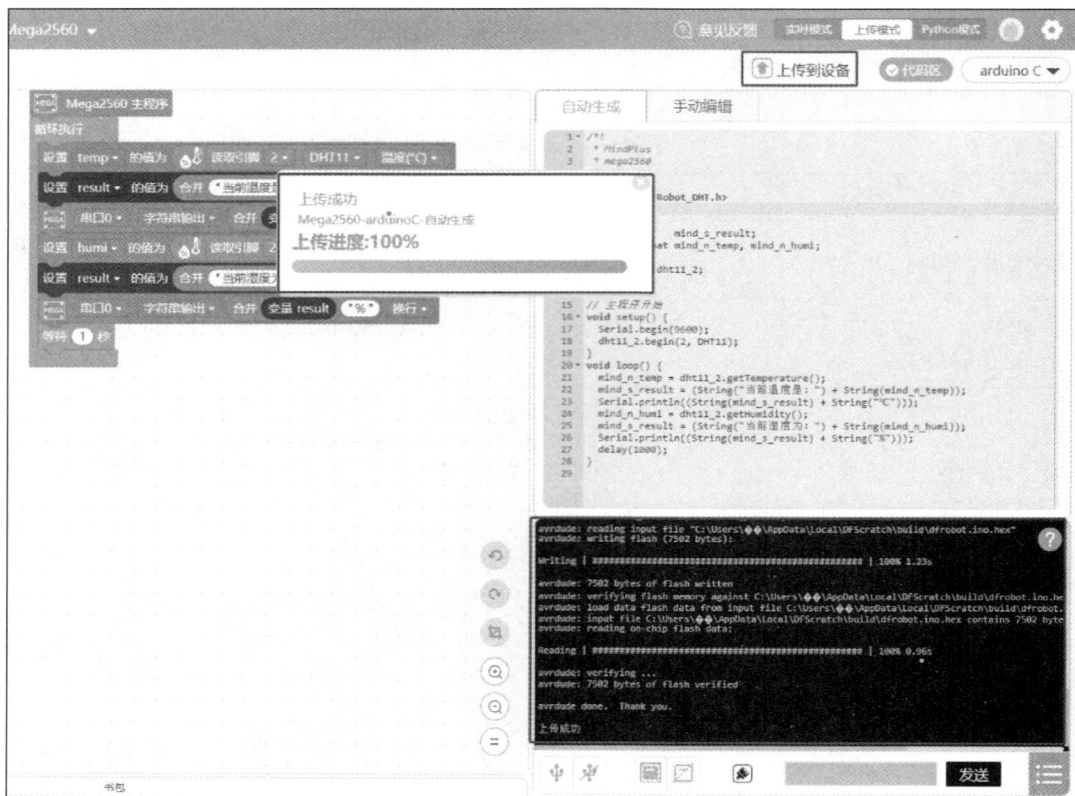

图 2-38　上传程序

三、检查运行效果

在 Mind+软件中单击右下方的"打开串口"按钮,打开串口后,观察串口调试窗口中是否正常输出当前环境的温湿度数据。智能花盆的实物连接与运行效果如图 2-39 所示。

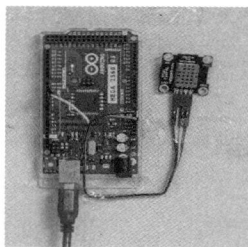

（a）实物连接

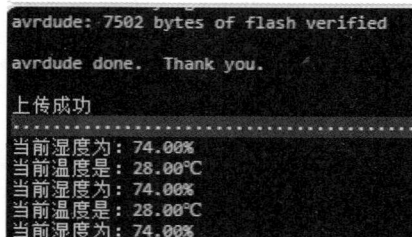

（b）运行效果

图 2-39　智能花盆的实物连接与运行效果

【任务评价】

学生在完成本任务的学习后,教师可以根据学生的综合表现给出评分。任务评价表如表 2-20 所示。

表 2-20　任务评价表

序号	主要内容	评价标准	分值/分	得分/分
1	温湿度传感器的工作原理	能正确说出温湿度传感器的工作原理	10	
2	温湿度传感器的识别	能快速、准确地从物联网实训套件中找出温湿度传感器	10	
3	温湿度传感器引脚的识别	能准确说出温湿度传感器引脚标志的含义	10	
4	温湿度传感器的组装	能根据设备连接图快速组装电路	10	
5	温湿度传感器的调试	能根据需求，正确搭建和配置 Mind+软件	10	
		能使用 Mind+软件，利用积木程序正确编写功能程序	10	
		能正确运行程序，使运行结果与功能需求一致	10	
6	职业素养	实验中，操作要安全、规范。完成实验后，应将相关元件、模块等收纳整齐，保持实验桌面干净、整洁	10	
7	学习态度	能主动参与课堂讨论和实践活动，积极寻求解决问题的方法	10	
		能按时完成学习及工作任务	10	
总计			100	

【拓展学习】

温湿度传感器的漂移现象

温度和湿度是衡量整体环境质量的重要标准。在生产和科学研究中，许多物理现象和化学过程需要在一定的温度、湿度环境下进行。

在实际使用过程中，人们发现温湿度传感器在使用一段时间后，其测量值会发生偏差，精确度会越来越低，这就是温湿度传感器的漂移现象。由于存在外部环境干扰等因素，漂移现象是不可避免的。

温湿度传感器的漂移分为零点漂移和温度漂移。温度漂移一般指环境温度变化导致的晶体管参数变化，从而引起静态工作点的不稳定和电路动态参数的不稳定，使电路无法正常工作。此外，除了材料引起的漂移外，电路的设计及元件的质量也是影响漂移的因素之一。长时间备用的传感器更容易出现温度漂移现象。温湿度传感器漂移导致的误差可以通过重新标定、调整电路设计、提高元件质量等方式解决。

【思考与练习】

1. 通过本任务，我们了解了温度和湿度数据是如何获取的，请思考：通过程序获取的数据为什么要封装成对象呢？

2. 参考本任务，按下列要求改动程序。

当湿度值大于 70%时，输出"今天有雨"，否则，输出"天气晴朗"。

当温度值大于 35℃时，输出"今日高温，请做好防暑降温工作"。

当温度值小于 0℃时，输出"今日低温，请做好防寒保暖工作"。

当同时符合两个条件时，需输出对应的两种提示。

任务五　红外传感器的安装与调试

【学习目标】

1. 了解红外传感器的工作原理。
2. 能正确连接、安装红外传感器，并读取红外传感器的数据。
3. 养成耐心、细致的学习态度，建立规范化的操作习惯。

【任务情景】

为了方便晚上起夜时照明，同时又不影响家中其他人的睡眠，请使用物联网套件设计并制作一盏红外感应灯。

【任务分析】

为了在深夜保持一个安静的环境，同时灯又能在人靠近的时候自动打开，需要考虑采用更加安静、可靠的信息采集设备——红外传感器。

本任务使用红外传感器、RGB 彩灯模块、Arduino 开发板等设备实现红外感应灯的制作。

【相关知识】

一、红外传感器简介

红外传感器是一种用于检测生物体运动的传感器，其外观如图 2-40 所示。红外传感器通过检测周围物体反射或发射的红外线来实现感应，是一种非接触式传感器。红外传感器广泛应用于智能家居、自动化控制、安防等领域。

红外传感器可以分为发射型和接收型两种。发射型红外传感器会发射一定频率的红外线，当有物体进入感应范围时，物体会反射一部分红外线回来，传感器就会接收这些反射回来的红外线信号并进行信号处理。接收型红外传感器通过接收周围物体发射的红外线来实现感应。

图 2-40　红外传感器外观

在使用红外传感器时，需要考虑其感应范围、感应角度、感应距离等因素。此外，红外线在夜间或弱光环境下的反射效果较差，因此需要特别注意红外传感器的使用环境。

二、红外传感器的结构

红外传感器主要由菲涅耳透镜、热释电探测仪和放大电路组成，如图 2-41 所示。为防止外部环境对传感器输出信号的干扰，上述元件被真空封装在一个金属匣内。

红外传感器的滤光片为带通滤光片，它封装在传感器壳体的顶端，特定波长的红外线可以通过它，到达热释电探测仪。

热释电探测仪是红外传感器的核心元件，它是在热释电晶体的两面镀上金属电极后制成的，相当于一个以热释电晶体为电介质的平板电容器。当热释电探测仪受到非恒定强度的红外线照射时，其产生的温度变化会导致金属电极的电荷密度发生改变，从而产生热释电流。热释电探测仪的外部结构如图 2-42 所示。

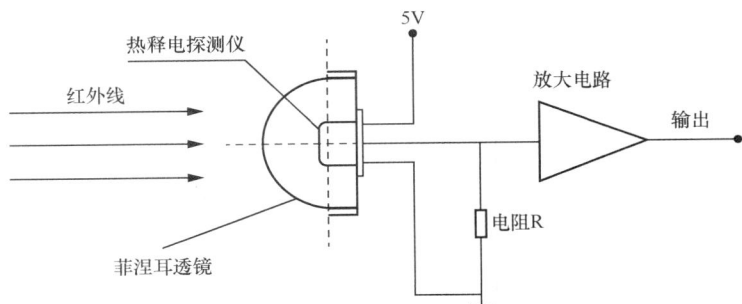

图 2-41　红外传感器的内部结构

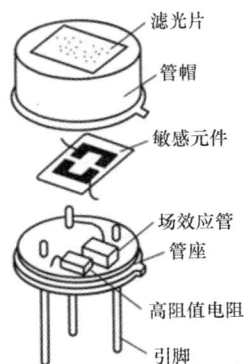

图 2-42　热释电探测仪的外部结构

放大电路必须具备高增益、低噪声、抗干扰能力强的特点，以便从众多的噪声干扰中提取微弱的电流信号。热释电探测仪和放大电路通常集成在晶体管内，以免空气中的水分导致泄漏电流增大。这种结构的放大电路信噪比高，受温度影响小。

三、红外传感器的工作原理

红外传感器可以检测生物体的存在和运动。其工作原理主要基于被动红外（Passive Infrared，PIR）技术。被动红外技术利用生物体的热辐射特性来检测运动。

在红外传感器中有一种特殊的晶体，它具有特别的功能：在常态下，晶体表面会自发地产生一些正电荷和负电荷，分别聚集在晶体的两侧。空气中存在一些自由电子，这些电子会附着在晶体表面，与晶体表面的电荷发生中和作用。因此，在正常情况下，晶体不会表现出明显的电性。然而，当温度发生变化时，晶体表面的部分电荷会被消耗，导致晶体两侧产生微弱的电压。当温度不再变化时，晶体表面的电荷趋于平衡状态，不再表现出电性。

红外传感器可以用于检测生物体产生的红外线，它对体温约 37℃ 的生物体产生的红外线具有敏感性。但需要注意的是，红外传感器只有在温度发生变化时才会有反应；当检测区域的温度保持不变时，红外传感器不会产生感应电压。换句话说，如果有人一直出现在检测区域并保持静止，由于该检测点的温度没有变化，红外传感器将不会有任何反应。

四、红外传感器的应用

红外传感器广泛应用于多个领域，以下是一些常见的应用场景。

（1）安防系统：红外传感器可用于安防系统，检测生物体的运动。当传感器检测到生物体的运动时，可以触发警报、摄像头跟踪或其他安全措施。

（2）自动照明：红外传感器可用于自动照明系统。当有人进入感应范围时，传感器会检测到运动并开启照明设备，从而提供便利并实现节能效果。

（3）智能家居：红外传感器在智能家居系统中具有重要作用。红外传感器可用于检测人员在房间内的活动，实现自动控制灯光、温度等。

（4）人体检测：红外传感器在人体检测应用中发挥关键作用，如人流统计、进出门控制等。红外传感器可以准确地检测到人体的运动，从而满足相关应用需求。

（5）红外热像仪：红外传感器可用于红外热像仪。红外热像仪可以通过测量目标物体发出的红外线生成热图像，用于热量分布分析、医学诊断等领域。

（6）自动化设备：红外传感器也广泛应用于自动化设备中，如自动门、自动水龙头、自动洗手间等。红外传感器可以检测生物体的接近，并触发相关设备的操作。

此外，红外传感器还可以应用于电子设备、机器人、车辆安全系统、游戏交互等领域，以满足不同的功能需求。红外传感器具有灵敏度高、响应快、可靠性强等特点，因此其在自动控制和感应应用中得到了广泛应用。

【技能训练】

根据前面的分析，从物联网实训套件中找出本任务所需的硬件设备，硬件设备清单如表 2-21 所示。

表 2-21　红外感应灯的硬件设备清单

序号	设备名称
1	Arduino Mega2560 开发板
2	红外传感器
3	RGB 彩灯模块
4	已安装 Mind+软件的计算机

活动一　组装设备

一、梳理设备控制的逻辑关系

红外传感器利用生物体的热辐射特性来检测运动，将采集到的生物体红外状态信号发送给 Arduino Mega2560 开发板。开发板根据检测结果，向 RGB 彩灯模块发送灯光控制信号。红外感应灯的设备控制逻辑关系如图 2-43 所示。

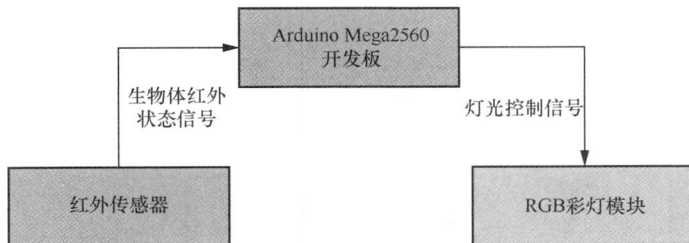

图2-43　红外感应灯的设备控制逻辑关系

二、组装硬件设备

1. 识读引脚标志

仔细观察各硬件设备的引脚标志，准确理解每个标志的含义。

（1）红外传感器的 VCC 引脚表示电源正极。

（2）红外传感器的 GND 引脚是接地引脚，用于连接电源的负极。

（3）红外传感器的 OUT 引脚是信息输出引脚，表示红外传感器的输出状态，输出信号为数字信号，可以连接到 Arduino 开发板的任意数字引脚上。

（4）RGB 彩灯模块具有 3 个引脚 R、G、B，分别代表红色、绿色和蓝色的灯光信号。

（5）RGB 彩灯模块的 GND 引脚是接地引脚，表示电源负极。

2. 连接引脚

按如下步骤连接引脚。

（1）将红外传感器的 VCC 引脚接到 Arduino 开发板的 3.3V 或 5V 引脚上。

（2）将红外传感器的 GND 引脚与 Arduino 开发板的 GND 引脚相连。

（3）使用引线将红外传感器的 OUT 引脚接到 Arduino 开发板的 DIGITAL 区域的引脚 5 上。

（4）将 RGB 彩灯模块的 R、G、B 这 3 个引脚与 Arduino 开发板的数字引脚 2、3、4 分别相连。

（5）将 RGB 彩灯模块的 GND 引脚与 Arduino 开发板的 GND 引脚相连。

可根据表 2-22 所示的内容进行硬件连接。连接后的效果如图 2-44 所示。

表 2-22　红外感应灯的设备引脚连接

引脚	连向设备的名称	所连向设备的引脚
红外传感器的 VCC	Arduino 开发板	3.3V 或 5V
红外传感器的 GND	Arduino 开发板	GND
红外传感器的 OUT	Arduino 开发板	5
RGB 彩灯模块的 GND	Arduino 开发板	GND
RGB 彩灯模块的 R	Arduino 开发板	2
RGB 彩灯模块的 G	Arduino 开发板	3
RGB 彩灯模块的 B	Arduino 开发板	4

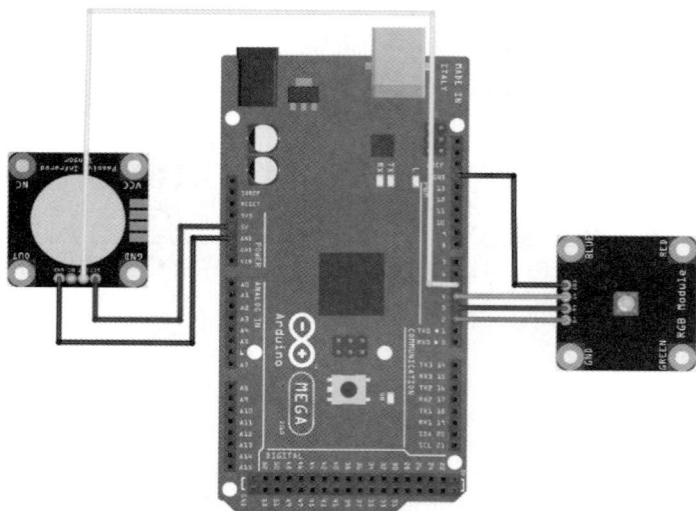

图 2-44　红外感应灯的设备连接效果

组装设备的注意事项如下。

（1）红外传感器的 OUT 引脚传输的信号是数字信号，因此需要接在 Arduino 开发板的 DIGITAL 区域的端口上。

（2）红外传感器的 VCC 引脚是驱动电流的输入端，可以接 3.3V 电压，也可以接 5V 电压。

（3）连接线上的引脚较尖锐，在操作过程中要注意安全。

活动二　编写图形程序

一、分析程序流程

红外感应灯测试程序流程图如图 2-45 所示。

（1）定义变量 IR_status，表示红外传感器返回的检测结果。

（2）IR_status 变量会接收数字引脚 5 的信号，当返回值为 0 时，表示没有检测到有生物体活动；当返回值为 1 时，表示检测到有生物体活动。

（3）串口输出 IR_status 值的目的是在编程过程中检测红外传感器是否正确工作，这并不是必需的部分。

（4）对 IR_status 值进行判断，在程序调试时，我们可根据 IR_status 值对灯进行控制，同时，为了看清红外传感器返回的值，需要在每次检测后使用延时 1s 的程序控制。

二、搭建积木程序

分析完程序的流程后，利用 Mind+软件搭建积木程序。

（1）打开 Mind+软件，首先选择"上传模式"；然后在软件的左下角单击"拓展"图标，添加 Arduino Mega2560 开发板，选择"人体红外热释电运动传感器"作为红外传感器。

（2）添加设备后就可以进行程序的搭建，具体的操作过程如表 2-23 所示。

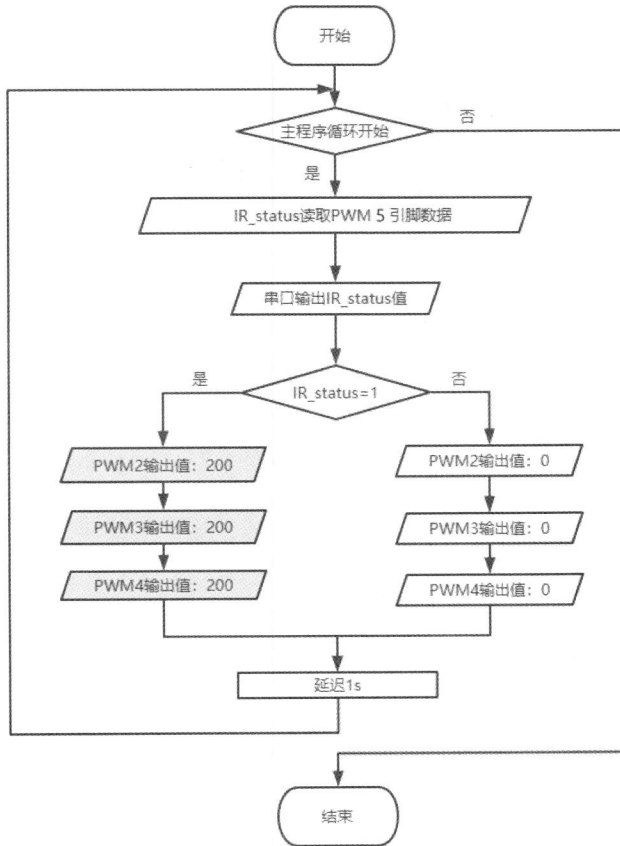

图 2-45　红外感应灯测试程序流程图

表 2-23　程序搭建的操作过程

步骤	操作描述	操作图例
1	定义一个数字类型变量 IR_status，用于表示红外传感器的检测结果	变量 IR_status
2	设置 IR_status 的值为读取数字引脚 PWM5 的值，并输出该值	设置 IR_status 的值为 读取数字引脚 5；串口0 字符串输出 变量 IR_status 换行
3	找到"如果-那么执行-否则"积木，并拖入主循环体中。在"如果"的条件框内，设置判断变量 IR_status 的值是否为 1 的条件。如果条件成立，则输出字符串"来人亮灯"，并设置数字引脚 PWM2、PWM3、PWM4 分别输出数值 200（打开灯）；否则，输出字符串"无人关灯"，并设置数字引脚 PWM2、PWM3、PWM4 分别输出数值 0（关闭灯）	如果 变量 IR_status = 1 那么执行；串口0 字符串输出 来人亮灯 换行；设置pwm引脚 2 输出 200；设置pwm引脚 3 输出 200；设置pwm引脚 4 输出 200；否则；串口0 字符串输出 无人关灯 换行；设置pwm引脚 2 输出 0；设置pwm引脚 3 输出 0；设置pwm引脚 4 输出 0
4	设置延时 1s，主要是在程序运行时方便查看传感器状态值	等待 1 秒

按表 2-23 完成操作后，红外感应灯的程序完整流程如图 2-46 所示。

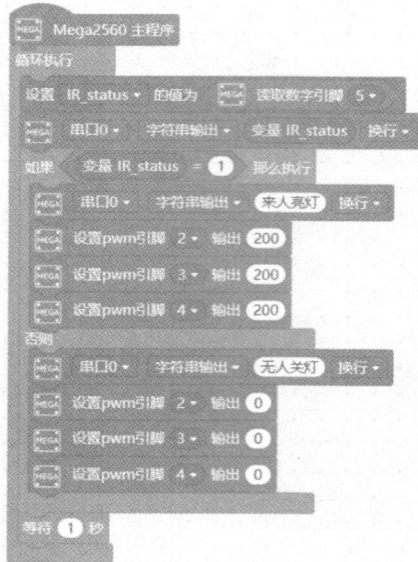

图 2-46　红外感应灯的程序完整流程

活动三　解读程序代码

一、查看 Mind+软件自动生成的代码

（1）单击 Mind+软件右上角的"代码区"按钮。

（2）单击"自动生成"选项卡，如图 2-47 所示，查看 Mind+软件根据主窗口的积木程序框架自动生成的 Arduino C 语言的代码。

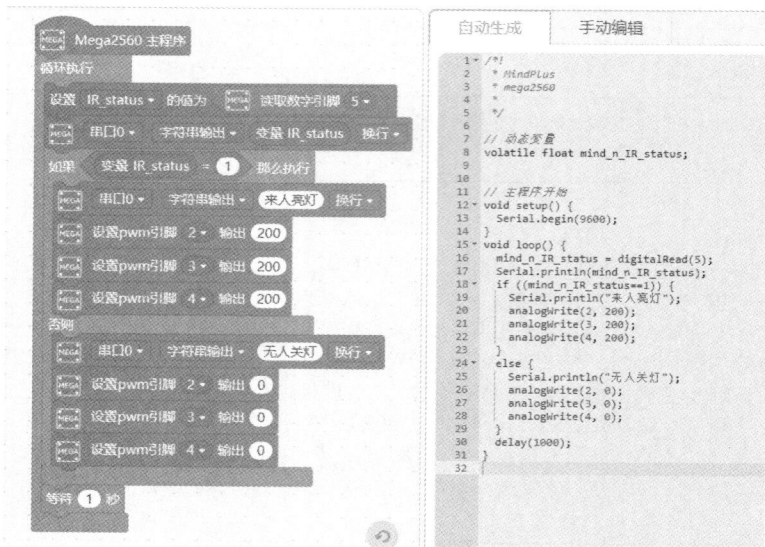

图 2-47　红外感应灯的 Arduino C 语言的代码

二、代码解析

主要代码解析如表 2-24 所示。

表 2-24　主要代码解析

代码	含义
mind_n_IR_status = digitalRead (5);	读取数字引脚 5 的状态（高电平或低电平）并存储在 mind_n_IR_status 变量中。这里使用 digitalRead()函数来读取数字输入的状态
Serial.println(mind_n_IR_status);	将 mind_n_IR_status 的值通过串口发送给计算机，以便在串口调试窗口中查看数字引脚 5 的状态
if ((mind_n_IR_status==1)) {	这是一个条件语句，用于检查 mind_n_IR_status 的值是否等于 1，即数字引脚 5 是否为高电平
Serial.println("来人亮灯");	向串口发送消息，表示有生物体靠近，灯需要亮起

analogWrite(2, 200);
analogWrite(3, 200);
analogWrite(4, 200);
	向数字引脚输入数字信号

Serial.println("无人关灯");	向串口发送消息，表示没有生物体靠近，LED 灯需要熄灭

活动四　上传与调试程序

编写完程序后要进行程序的上传与调试，具体操作步骤如下。

一、连接设备

使用 USB 连接线将 Arduino Mega2560 开发板连接到计算机上，并在 Mind+软件中单击"连接设备"菜单，对 Arduino 开发板进行连接。

二、上传程序

在 Mind+软件中单击右上角的"上传到设备"按钮，完成程序的上传。

三、检查运行效果

用手靠近红外传感器，灯点亮，当手在红外传感器前静止不动 2s 后，串口调试窗口中 IR_status 的值变为 0，同时灯熄灭。红外感应灯的点亮与熄灭效果如图 2-48 所示。

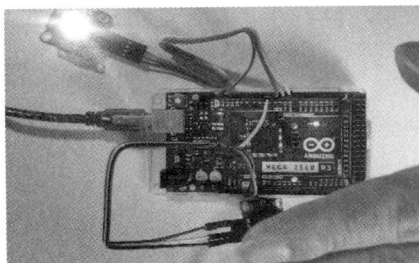
（a）灯点亮

（b）灯熄灭

图 2-48　红外感应灯的点亮与熄灭效果

【任务评价】

学生在完成本任务的学习后，教师可以根据学生的综合表现给出评分。任务评价表如表 2-25 所示。

表 2-25　任务评价表

序号	主要内容	评价标准	分值/分	得分/分
1	红外传感器的工作原理	能正确说出红外传感器的工作原理	10	
2	红外传感器的识别	能快速、准确地从物联网实训套件中找出红外传感器	10	
3	红外传感器引脚的识别	能准确说出红外传感器引脚标志的含义	10	
4	红外传感器的组装	能根据设备连接图快速组装电路	10	
5	红外传感器的调试	能根据需求，正确搭建和配置 Mind+软件	10	
		能使用 Mind+软件，利用积木程序正确编写功能程序	10	
		能正确运行程序，使运行结果与功能需求一致	10	
6	职业素养	实验中，操作要安全、规范。完成实验后，应将相关元件、模块等收纳整齐，保持实验桌面干净、整洁	10	
7	学习态度	能主动参与课堂讨论和实践活动，积极寻求解决问题的方法	10	
		能按时完成学习及工作任务	10	
	总计		100	

【拓展学习】

红外传感器能全方位检测的原因

思考一个问题，为什么红外线是沿直线传播的，红外传感器却可以在室内全方位地检测到人体发出的红外信号？答案就在于红外传感器中使用的透镜——菲涅耳透镜，它是法国物理学家菲涅耳（Fresnel）设计的，最早用于导航灯塔。

菲涅耳透镜内部刻有齿纹，可以将入射光的频率峰值限制在 10μm 左右。

菲涅耳透镜一般设计厚度为 0.65mm～1.5mm，表面加工成由小到大的同心圆，它们看起来像是一圈一圈的锯齿。每个锯齿的顶部是由相同大小的圆弧组成的圆弧线。圆形菲涅耳透镜可以切割成小片并组成多层、多视区的菲涅耳透镜，视区越多，检测角度就越大。

在红外传感器中，菲涅耳透镜的设计和性能对其灵敏度、检测距离、抗干扰能力等方面具有重要影响。除了常见的同心圆和锯齿形状外，菲涅耳透镜还有其他的设计形式，如双面非球面形状、梯形等，这些设计可以进一步提高菲涅耳透镜的光学性能，使其能够更好地聚焦红外线，从而提高红外传感器的性能。

【思考与练习】

1. 在日常生活中，还能利用红外传感器进行哪些新颖、独特的设计呢？
2. 使用 Arduino 开发板控制红外传感器，在检测到物体时点亮 LED 灯，要求如下。
（1）使用红外传感器。
（2）程序中应包含对红外传感器输出数据的读取和判断。

（3）通过串口调试窗口输出红外传感器检测到的信号状态。

（4）LED 灯连接到 Arduino 开发板的数字引脚 13 上。

3. 制作一个基于红外传感器的门铃系统，要求如下。

（1）使用红外传感器。

（2）程序中应包含对红外传感器输出数据的读取和判断。

（3）当红外传感器检测到物体时，通过蜂鸣器发出声音提示。

（4）系统应包含一个可调节的时间延迟开关，可以设置蜂鸣器响铃的时间长短。

（5）系统应包含一个 LED 灯，当红外传感器检测到物体时 LED 灯点亮。

任务六　超声波传感器的安装与调试

【学习目标】

1. 了解超声波传感器的常见类型、工作原理等。
2. 能正确连接、安装超声波传感器。
3. 能使用物联网系统软件开发平台获取超声波传感器返回的数据。
4. 强化空间感知能力，培养耐心细致的调试习惯和误差分析思维。

【任务情景】

为了使司机在倒车时能准确地判断车辆与车辆后方障碍物的距离，计划为汽车加装一个测距仪。在本任务中，请使用超声波传感器来制作一个测距仪。

【任务分析】

测距仪的主要功能是检测车辆后方障碍物与车辆的距离，要实现这一功能，可使用红外测距、激光测距和超声波测距等方法。在这些方法中，红外测距精度低，距离近，方向性差；激光测距对光学系统的洁净度要求较高，洁净度较低则测量效果较差，不具备在车辆上使用的条件。因此，测距仪大多使用超声波测距。

在本任务中，将使用物联网套件的超声波模块来构建一个简单的测距仪。根据任务的要求分析，本任务需要使用超声波传感器、Arduino Mega2560 开发板等设备。

【相关知识】

一、超声波传感器简介

超声波传感器是一种利用超声波进行测量的传感器，超声波传感器可以根据工作原理、应用领域和结构等进行分类。以下是 6 种常见的超声波传感器。

（1）距离测量传感器：距离测量传感器也称为测距传感器。这是十分常见和广泛应用的超声波传感器。距离测量传感器可用于测量物体与传感器之间的距离，可以提供非接触式测量。距离测量传感器通常具有单个发射器和接收器，通过测量超声波的往返时间来计算距离。

（2）障碍物检测传感器：这种传感器用于检测障碍物，避免与障碍物碰撞。障碍物检测传感器通常使用多个发射器和接收器，以便在不同方向上进行检测。通过分析接收的超声波，可以确定物体与传感器之间的距离和方向，从而实现障碍物检测和避障功能。

（3）流量传感器：这种传感器用于测量液体或气体的流量。流量传感器通常将超声波传播到流体中，并通过测量波速的变化来计算流体的流速和流量。流量传感器在液体和气体流量检测、水表和气体表等中得到了广泛应用。

（4）图像传感器：这种传感器结合超声波和图像处理技术，可以提供更为详细和准确的图像信息。图像传感器可用于医学成像、工业检测、机器人视觉等领域，能够生成物体的二维或三维图像，并提供关于物体形状、结构和位置等方面的信息。

（5）液位传感器：这种传感器可用于测量容器或槽中液体的液位。通过发射超声波并测量超声波的往返时间，可以确定液体与传感器之间的距离，从而得知液体的液位。

（6）声呐传感器：声呐传感器是一种特殊的超声波传感器，主要用于水下检测。声呐传感器通过发射超声波脉冲并接收回波来测量水下物体的距离、位置和形状，其广泛应用于海洋勘测、水下导航和声呐系统等领域。

二、超声波传感器的结构

超声波传感器通常包括以下 7 个组成部分。

（1）发射器（传输器）：发射器是超声波传感器的一个重要部分，可用于产生超声波信号。发射器通常采用压电材料。当施加电压时，压电材料会发生形变，从而产生超声波信号。

（2）接收器：接收器用于接收从目标物体反射回来的超声波信号。接收器通常也采用压电材料，其能够将接收的超声波信号转换为电信号。

（3）控制电路：控制电路是超声波传感器的核心部分，负责控制发射器的工作时间和接收器的工作模式。控制电路可以通过定时器和触发器来精确控制超声波的发射和接收过程。

（4）滤波器：滤波器用于对接收的超声波信号进行过滤和处理，以去除干扰信号和噪声，提取目标物体的有效信号。

（5）放大器：放大器用于增强接收的超声波信号的强度，以便后续进行信号处理和分析。

（6）距离计算器：距离计算器用于计算目标物体与传感器之间的距离。距离计算器可以根据超声波的传播速度和往返时间来计算距离。

（7）外壳：超声波传感器通常具有一个外壳，用于保护内部组件，提供便于安装和固定的结构。

三、超声波传感器的工作原理

超声波传感器的工作原理，如图 2-49 所示。超声波传感器会发射一段高频率的超声波信号，其以声速在空气中传播，遇到物体后会被反射回来。超声波传感器接收反射的超声波信号后，通过计算超声波往返的时间差来确定物体与传感器之间的距离。超声波传感器通常使用的声波频率范围为 20kHz～200kHz，一般的超声波传感器可以检测到距离 1cm～5m 的物体。

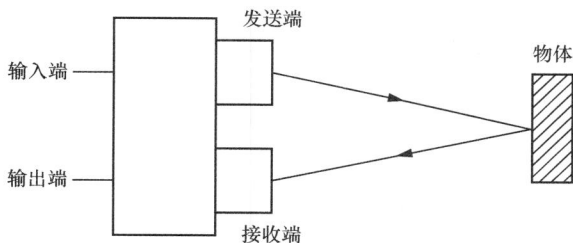

图 2-49　超声波传感器的工作原理

需要注意的是，在使用超声波传感器进行测量时，要考虑超声波传感器的检测范围、检测角度和反射表面等因素的影响，以确保测量的准确性。

四、超声波传感器的应用

超声波传感器的应用领域较为广泛，主要包括以下几个方面。

（1）工业自动化领域：超声波传感器可用于自动化生产线等领域，实现对物体位置、距离、厚度等参数的测量和控制。

（2）智能家居领域：超声波传感器可用于智能家居设备，如自动门、智能家电等，实现对人员、物品等的距离测量和控制。

（3）机器人领域：超声波传感器可用于机器人的距离检测和避障，提高机器人的运动精度和安全性。

（4）汽车领域：超声波传感器可用于汽车的倒车雷达、自动泊车等系统，实现对车辆周围环境的检测和控制，提高驾驶的安全性。

（5）医疗领域：超声波传感器可用于医疗设备，如超声波探头等，实现对人体内部结构的检测。

【技能训练】

根据前面的分析，从物联网实训套件中找出本任务所需的硬件设备，硬件设备清单如表 2-26 所示。

表 2-26　硬件设备清单

序号	设备名称
1	Arduino Mega2560 开发板
2	超声波传感器
3	已安装 Mind+软件的计算机

活动一　组装设备

一、梳理设备控制的逻辑关系

本任务使用超声波传感器，将检测到的距离信号发送给 Arduino Mega2560 开发板。测距仪的设备控制逻辑关系如图 2-50 所示。

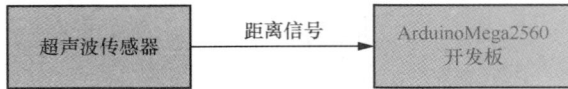

图 2-50　测距仪的设备控制逻辑关系

二、组装硬件设备

1. 识读引脚标志

仔细观察各硬件设备的引脚标志，明确各标志的含义。

本任务使用的是 YB-MVU04 超声波传感器，该传感器有 4 个引脚，如图 2-51 所示。

（1）VCC 引脚：供电正极，连接电源的正极，电源电压通常为 3.3V 或 5V。

（2）GND 引脚：接地引脚，连接电源的负极和系统的地线。

（3）TRIG 引脚：触发引脚，用于发送启动超声波传感器测量的触发信号。给该引脚提供高电平或脉冲信号，就能触发超声波传感器执行测量操作。

图 2-51　YB-MVU04 超声波传感器

（4）ECHO 引脚：回响引脚，用于接收回响信号。当超声波传感器收到反射的超声波时，该引脚会输出一个高电平脉冲信号，脉冲宽度与测量距离成正比。

2. 连接引脚

按如下步骤连接引脚。

（1）将超声波传感器的 VCC 引脚接到 Arduino 开发板的 3.3V 或 5V 引脚上。

（2）将超声波传感器的 GND 引脚与 Arduino 开发板的 GND 引脚相连。

（3）将超声波传感器的 TRIG 引脚与 Arduino 开发板的数字引脚 2 相连，将 ECHO 引脚与 Arduino 开发板的数字引脚 3 相连。

可根据表 2-27 所示的内容进行硬件连接。连接后的效果如图 2-52 所示。

表 2-27　设备引脚连接

引脚	连向设备的名称	所连向设备的引脚
超声波传感器的 VCC	Arduino 开发板	3.3V 或 5V
超声波传感器的 TRIG	Arduino 开发板	2
超声波传感器的 ECHO	Arduino 开发板	3
超声波传感器的 GND	Arduino 开发板	GND

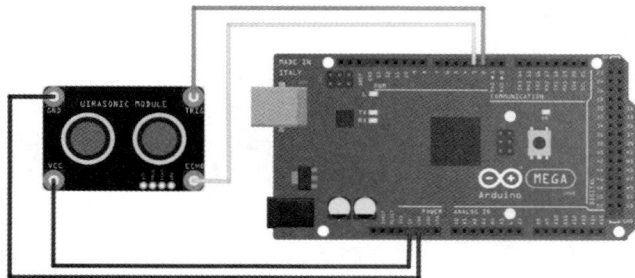

图 2-52　测距仪的设备连接效果

组装设备的注意事项如下。

（1）超声波传感器的 TRIG、ECHO 引脚传输的是数字信号，因此需要接在 Arduino 开发板的 DIGITAL 区域的端口上。

（2）超声波传感器的 VCC 引脚是供电电源的输入端，可以接 3.3V 电压，也可以接 5V 电压。

（3）连接线上的引脚较尖锐，在操作过程中要注意安全。

活动二　编写图形程序

一、分析程序流程

测距仪的程序流程图如图 2-53 所示。

（1）添加超声波传感器。

（2）超声波传感器是一个数字传感器，数字引脚 PWM2 向超声波传感器的 TRIG 引脚发送高电平，触发超声波发送，并由 Arduino 开发板记录下发送时间；数字引脚 PWM3 接收遇到障碍物反射回的超声波，并记录下接收时间；最后由 Arduino 开发板根据 TRIG 引脚和 ECHO 引脚信号的时间差及声速计算出障碍物的距离。

Arduino 开发板已经封装好了一个测距的功能模块。我们可以直接调用这个功能模块，并按照硬件连线设置好 TRIG 引脚和 ECHO 引脚，就能直接获取超声波传感器测量的距离数值。

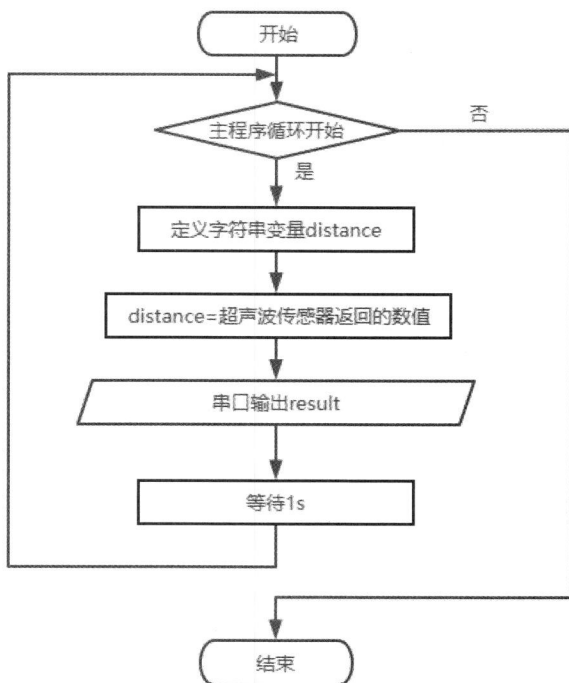

图 2-53　测距仪的程序流程图

二、搭建积木程序

分析完程序的流程后，利用 Mind+软件搭建积木程序。

（1）打开 Mind+软件，首先选择"上传模式"；然后在软件的左下角单击"扩展"按钮，添加

Arduino Mega2560 开发板，选择"模拟超声波测距传感器"作为超声波传感器。

（2）添加设备后就可以进行程序的搭建，具体的操作过程如表 2-28 所示。

表 2-28　程序搭建的操作过程

步骤	操作描述	操作图例
1	定义一个字符串类型变量 distance，用于接收超声波传感器返回的数据	变量 distance
2	在左侧的"功能模块"中，将"读取超声波传感器 trig 为 2，echo 为 3"的积木拖放到主窗口中	读取超声波传感器trig为 2 ▾ echo为 3 ▾
3	将运算符模块下的"合并 hello world"积木拖动到主窗口，将"读取超声波传感器 trig 为 2，echo 为 3"的积木拖放到 hello 文本框中，修改"world"文本框内容为"厘米"	合并 读取超声波传感器trig为 2 ▾ echo为 3 ▾ "厘米"
4	在"变量"模块中，新建字符串类型变量，设置变量名为 result，拖动"设置 distance 的值为'hello'"的积木到主窗口中，在"hello"文本框内插入"合并"积木，并将它放到主程序中	设置 distance ▾ 的值为 合并 读取超声波传感器trig为 2 ▾ echo为 3 ▾ "厘米"
5	将"串口操作"模块中的"串口 0 字符串输出 hello"的积木拖到主窗口中，在值的文本框中插入"合并"积木，在"合并"积木的第一个文本框中插入""前方障碍物距离："，在第二个文本框中插入"变量 distance"，最后将"串口 0 字符串输出"的积木插入主程序中，完成距离数据的获取	串口0 ▾ 字符串输出 ▾ 合并 "前方障碍物距离：" 变量 distance 换行
6	为了在程序运行时方便查看和记录距离数据，在程序末尾添加"等待 1 秒"的积木	等待 1 秒

按表 2-28 完成操作后，测距仪的程序完整流程如图 2-54 所示。

图 2-54　测距仪的程序完整流程

活动三　解读程序代码

一、查看 Mind+软件自动生成的代码

（1）单击 Mind+软件右上角的"代码区"按钮。

（2）单击"自动生成"选项卡，如图 2-55 所示，可以查看 Mind+软件根据主窗口的积木程序框架自动生成的 Arduino C 语言的代码。

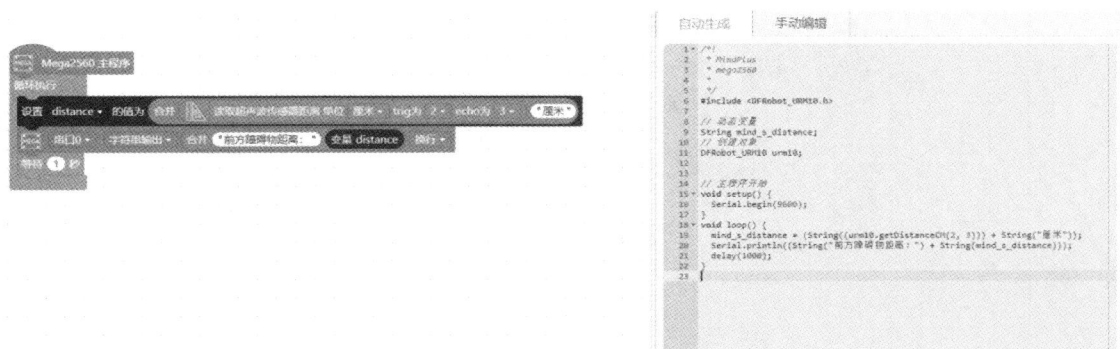

图 2-55　测距仪的 Arduino C 语言的代码

二、代码解析

主要代码解析如表 2-29 所示。

表 2-29　主要代码解析

代码	含义
#include <DFRobot_URM10.h>	引入了一个名为 DFRobot_URM10 的库
String mind_s_distance;	定义了一个动态变量 mind_s_distance，这是一个字符串类型的全局变量，用于存储要输出到串口的结果
DFRobot_URM10 urm10;	创建了一个名为 urm10 的 URM10 超声波传感器对象
mind_s_distance = (String((urm10.getDistanceCM (2, 3))) + String("厘米"));	使用 urm10 对象的 getDistanceCM()方法获取超声波传感器的测量值（以"厘米"为单位），将其与单位一起构成一个字符串，然后存储在 mind_s_distance 变量中
Serial.println((String("前方障碍物距离：") + String (mind_s_distance)));	构建一个包含前缀信息和距离值的字符串，然后将其通过串口发送给计算机。这将在串口调试窗口中显示前方障碍物的距离
delay(1000);	延迟 1s，以便每隔一段时间重新获取并显示距离值

活动四　上传与调试程序

编写完程序后，要进行程序的上传与调试，具体操作步骤如下。

一、连接设备

使用 USB 连接线将 Arduino Mega2560 开发板连接到计算机上，并在 Mind+软件中单击"连接设备"菜单，对开发板进行连接。

二、上传程序

在 Mind+软件中单击右上方的"上传到设备"按钮，完成程序的上传。

三、检查运行效果

在 Mind+软件中单击右下方的"打开串口"按钮，打开串口后，测试者可以用手在传感器前方移动，观察移动时，右下方的串口调试窗口中是否正常输出传感器与手的距离值。测距仪的实物连接及运行效果如图 2-56 所示。

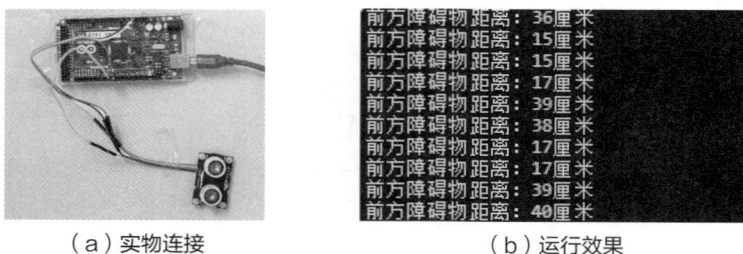

（a）实物连接　　　　　　　　　（b）运行效果

图 2-56　测距仪的实物连接及运行效果

【任务评价】

学生在完成本任务的学习后，教师可以根据学生的综合表现给出评分。任务评价表如表 2-30 所示。

表 2-30　任务评价表

序号	主要内容	评价标准	分值/分	得分/分
1	超声波传感器的常见类型及工作原理	能正确说出超声波传感器的常见类型及工作原理	10	
2	超声波传感器的识别	能快速、准确地从物联网实训套件中找出超声波传感器	10	
3	超声波传感器引脚的识别	能准确说出超声波传感器引脚标志的含义	10	
4	超声波传感器的组装	能根据设备连接图快速组装电路	10	
5	超声波传感器的调试	能根据需求，正确搭建和配置 Mind+软件	10	
		能使用 Mind+软件，利用积木程序正确编写功能程序	10	
		能正确运行程序，使运行结果与功能需求一致	10	
6	职业素养	实验中，操作要安全、规范。完成实验后，应将相关元件、模块等收纳整齐，保持实验桌面干净、整洁	10	
7	学习态度	能主动参与课堂讨论和实践活动，积极寻求解决问题的方法	10	
		能按时完成学习及工作任务	10	
	总计		100	

【拓展学习】

常见的测距传感器

测距传感器是物联网中用来测量距离的传感器，主要通过发射能量波束和被测物体反射的时间来计算传感器与物体之间的距离。测距传感器可分为利用飞行时间原理测量距离的传感器和可以针对距离变化产生信号的传感器。常见的能量波束有超声波、激光、红外线和雷达。根据发射的能量波束的不同，测距传感器目前主要分为超声波传感器、激光测距传感器、红外线测距传感器和 24GHz 雷达传感器。

超声波传感器是一种利用超声波作为能量源的传感器。超声波对固体和液体的穿透性很强，在不透明的固体中可以穿透几十米的距离。超声波传感器的优点是对色彩和光照强度不敏感，可以用于识别透明、漫反射性差的物体，并且可以在黑暗、有灰尘或烟雾、电磁干扰强、有毒等环境中使用。超声波传感器结构简单、体积小、费用低、技术难度小、信息处理简单可靠、易于小型化和集成化。

激光测距传感器是以激光作为光源的传感器。产生激光的激光器可分为连续激光器和脉冲激光器。由于激光具有单色性好、方向性强等特点，加上电子线路半导体化、集成化，激光测距传感器相比超声波传感器有着更好的性能，但成本通常也更高。激光测距传感器主要应用于室内外环境下的测距和三维重建、车载安全防撞系统、船舶、飞机等领域。

红外线测距传感器是利用红外线进行测量的传感器，常用于短距离测距。

24GHz 雷达传感器主要用于汽车防撞系统，它可以感知前方车辆的距离和速度，提高了行车安全。

【思考与练习】

1. 超声波传感器测距的工作原理是什么？

2. 参考本任务，请设计一个预防近视的坐姿提示器，并使用超声波传感器作为测距元件，当使用者的头与桌面的距离小于 20cm 时，通过串口输出"坐姿不正确，请把头抬高"的提示。

模块三
物联网执行设备的 安装与调试

03

在物联网系统中，除了传感器外，还会经常使用另一种类型的设备——执行设备，也称其为执行器。传感器负责采集数据并将其传送给控制器；而执行器的信号传递方向与传感器的恰恰相反；执行器从控制器接收控制信号，并将其转化为物理动作。执行器的类型有很多，按照驱动方式可以分为液压、气动、电动、热、磁性等类型。电机就是一种比较常用的电动类型的执行器。

在本模块中，我们选取几种典型的执行器，学习它们的工作原理、性能参数，并通过几个任务，掌握使用执行器的一般思路和方法。

任务一 物联网灯光控制模块的安装与调试

【学习目标】

1. 了解 RGB 彩灯模块引脚标志的含义。
2. 理解 RGB 彩灯模块的灯光颜色的呈现原理。
3. 能根据电路图完成实物电路的装配。
4. 能独立完成积木程序的搭建、上传与调试。
5. 培养科技创新意识与社会责任感。

【任务情景】

某 LED 灯公司计划设计一款新型的流水灯，请使用 Arduino 开发板和 RGB 彩灯模块进行产品的原型设计，要求该产品能够实现 7 种颜色的灯轮流闪烁的效果。

【任务分析】

本任务将设计一款流水灯，它的常见效果是一组 LED 灯按照一定的次序轮流闪烁。

在配套的硬件模块中，有两种不同的 RGB 彩灯模块，一种模块上带有 1 个 LED 灯，另一种模块上带有 8 个 LED 灯。为方便区别它们，我们将这两种不同的 RGB 彩灯模块分别称为单灯 RGB 彩灯模块和多灯 RGB 彩灯模块，如图 3-1、图 3-2 所示。本任务，我们将使用多灯 RGB 彩灯模块实现流水灯效果。

图 3-1　单灯 RGB 彩灯模块

图 3-2　多灯 RGB 彩灯模块

【相关知识】

一、RGB 彩灯模块简介

RGB 彩灯模块广泛应用于设备指示灯、家居系统和舞台灯光等不同场景。单灯 RGB 彩灯模块是一种用于显示彩色灯光的硬件设备，其引脚如图 3-3 所示。单灯 RGB 彩灯模块的中心有 3 个相互独立的 LED 灯，能分别发出红色、绿色、蓝色的光。通过调节这 3 个 LED 灯的亮度，可以组合出不同颜色的灯光。单灯 RGB 彩灯模块的顶端有标有 B+、R+、G+的引脚，分别用来控制蓝灯、红灯和绿灯。单灯 RGB 彩灯模块的 4 个角上有 4 个圆形的孔，分别标有"GND""Blue""Red""Green"。单灯 RGB 彩灯模块的左侧有 4 个金属片，它们是模块对外开放的引脚，用于提供不同类型的接入方式，增加模块的通用性。

多灯 RGB 彩灯模块的引脚与单灯 RGB 彩灯模块的引脚有所不同，如图 3-4 所示。多灯 RGB 彩灯模块共有 4 个引脚，其中，VCC 为电源引脚，表示该模块的电源的正极，电压为 5V 或 3.3V；GND 表示接地引脚，也就是接入电源的负极，可以使用 Arduino 开发板上的电源引脚为模块供电，也可以使用其他电源；NC 表示空引脚，没有定义任何功能；RGB 引脚用于控制 8 个 RGB 彩灯的颜色。

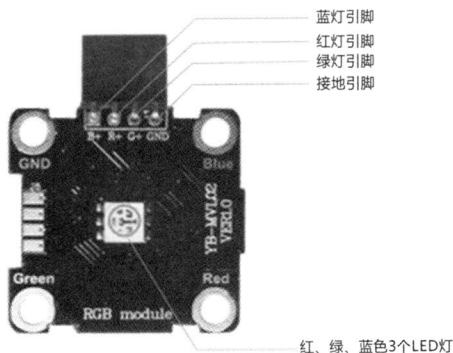

蓝灯引脚
红灯引脚
绿灯引脚
接地引脚

红、绿、蓝色3个LED灯

图 3-3　单灯 RGB 彩灯模块引脚

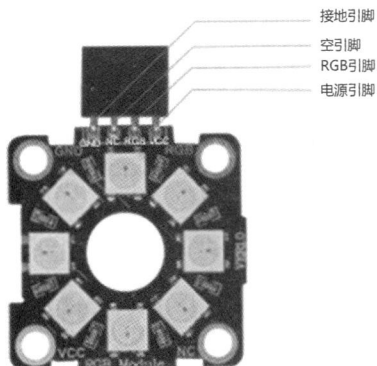

接地引脚
空引脚
RGB引脚
电源引脚

图 3-4　多灯 RGB 彩灯模块引脚

二、RGB 彩灯模块灯光混色原理

RGB 彩灯模块能产生不同颜色的灯光，其基本原理是混色原理。混色有加法混色和减法混色

两种方式。

1. 加法混色

加法混色是指将不同颜色的光线叠加在一起，形成新的颜色。在加法混色中，不同颜色的光叠加，可以产生其他不同的颜色，例如，红色+绿色=黄色，红色+蓝色=紫色，绿色+蓝色=青色。当红色、绿色和蓝色3种主要的光以相等的强度叠加在一起时，它们会产生白色光。加法混色效果如图3-5所示。加法混色在彩色显示器、彩色LED灯等设备中广泛应用。

2. 减法混色

减法混色是指通过光的吸收和反射来产生新颜色。

在减法混色中，当两种颜色混合在一起时，它们会吸收某些波长的光，反射其他波长的光。例如，当青色和黄色混合在一起时，青色吸收红色光，黄色吸收蓝色光，它们共同反射绿色光，从而呈现出绿色。

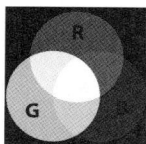

图3-5 加法混色效果

减法混色在印刷、绘画和颜料混合中起着重要的作用。通过调整不同颜料的混合比例，可以得到不同的颜色效果。

三、RGB 彩灯模块亮度控制技术

RGB彩灯模块亮度控制一般采用PWM技术，它是一种常用的电子调节技术，用于控制电子系统中的电压或电流，通过调整信号的脉冲宽度来控制输出信号的平均功率或能量。

要理解LED灯的亮度控制，先要认识一下PWM的信号波形。PWM信号是一种方波，波形如图3-6所示，看起来像长城的城墙，凸起的部分代表高电平，凹下的部分代表低电平。从图3-6可以看出，4条波形的周期是相同的，只是高电平在一个周期内的占比不同，高电平在一个周期内的占比被称为占空比。图3-6中占空比从上到下依次变大。

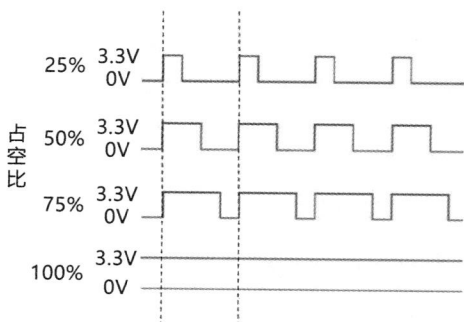

图3-6 PWM 的信号波形

在调光应用中，首先需要选择一个适当的频率，频率范围为几十赫兹到几千赫兹，以确保人眼无法察觉到脉冲的闪烁；再使用控制器或微处理器来产生特定频率的PWM信号，调整PWM信号的占空比来控制LED灯的亮度；最后通过适当的驱动电路将PWM信号作用于LED灯。

通过快速调整高电平或低电平的持续时间，LED灯会以平均亮度呈现出不同的亮度级别。由于人眼具有视觉暂留效应，LED灯的亮度看起来是连续变化的，而不是闪烁的。

PWM技术在调光应用中的优点包括高效、精确、无噪声和无闪烁等，其广泛应用于LED照明系统、显示屏、舞台灯光和汽车照明等领域。

【技能训练】

根据前面的分析，从物联网实训套件中找出本任务所需的硬件设备，硬件设备清单如表3-1所示。

表 3-1　流水灯的硬件设备清单

序号	设备名称
1	Arduino Mega2560 开发板
2	多灯 RGB 彩灯模块
3	已安装 Mind+软件的计算机

活动一　组装设备

一、梳理设备控制的逻辑关系

本任务涉及的模块较少，除了 Arduino Mega2560 开发板外，仅需要一个多灯 RGB 彩灯模块。流水灯工作时，Arduino Mega2560 开发板向多灯 RGB 彩灯模块发送 PWM 信号，用来控制多灯 RGB 彩灯模块。流水灯的设备控制逻辑关系如图 3-7 所示。

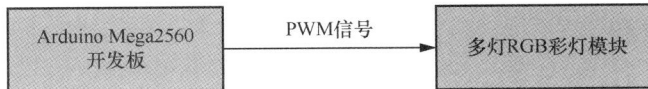

图 3-7　流水灯的设备控制逻辑关系

二、组装硬件设备

1. 识读引脚标志

仔细观察各硬件设备的引脚标志，明确各标志的含义。

本任务使用的是多灯 RGB 彩灯模块，该模块有 4 个引脚，分别如下。

（1）VCC 引脚是电源引脚，用于连接电源，为模块提供工作电压。

（2）GND 引脚是接地引脚，用于接地，以确保模块安全工作。多灯 RGB 彩灯模块需要用到 PWM 功能，因此需要将 GND 引脚连接到 Arduino 开发板的接地引脚上，以形成电路回路。

（3）NC 引脚是空引脚，通常是预留的引脚，用于未来扩展或定制使用。

（4）RGB 引脚用于控制灯光的颜色和亮度。

2. 连接引脚

按如下步骤连接引脚。

（1）将多灯 RGB 彩灯模块的 VCC 引脚接到 Arduino 开发板的 3.3V 引脚上。

（2）将多灯 RGB 彩灯模块的 GND 引脚接到 Arduino 开发板的 GND 引脚上。

（3）多灯 RGB 彩灯模块的 NC 引脚不用连接任何引脚。

（4）将多灯 RGB 彩灯模块的 RGB 引脚接到 Arduino 开发板的 AI 引脚上。

可按照表 3-2 所示内容进行硬件连接。连接后的效果如图 3-8 所示。

表 3-2　设备引脚连接

引脚	连向设备的名称	所连向设备的引脚
多灯 RGB 彩灯模块的 VCC	Arduino 开发板	3.3V
多灯 RGB 彩灯模块的 GND	Arduino 开发板	GND
多灯 RGB 彩灯模块的 NC		
多灯 RGB 彩灯模块的 RGB	Arduino 开发板	A1

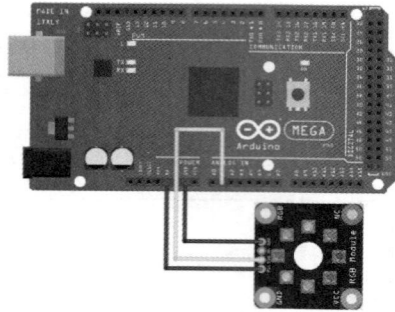

图 3-8　流水灯的设备连接效果

活动二　编写图形程序

一、分析程序流程

下面讲解一下本程序的设计思路。

（1）对流水灯进行初始化。初始化时确定流水灯中灯的数量及其使用的引脚。

（2）在程序的主循环体内设置 8 个灯依次闪烁。每个灯闪烁过程的顺序是开灯、延时、关闭所有灯。这个顺序也可以调整为关闭所有灯、开灯、延时。具体程序流程如图 3-9 所示。

二、搭建积木程序

分析完程序的流程后，利用 Mind+ 软件搭建积木程序。

（1）打开 Mind+ 软件，在软件的左下角单击"扩展"按钮，添加 Arduino Mega2560 开发板。

（2）单击"扩展"→"用户库"→"导入用户库"，在配套素材中，找到文件 waterlamp.mpext，将该文件添加到用户库中，如图 3-10 所示。

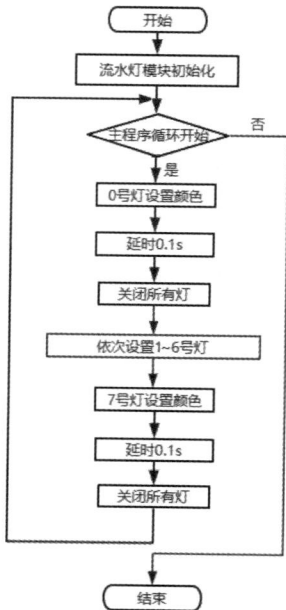

图 3-9　流水灯的程序流程图

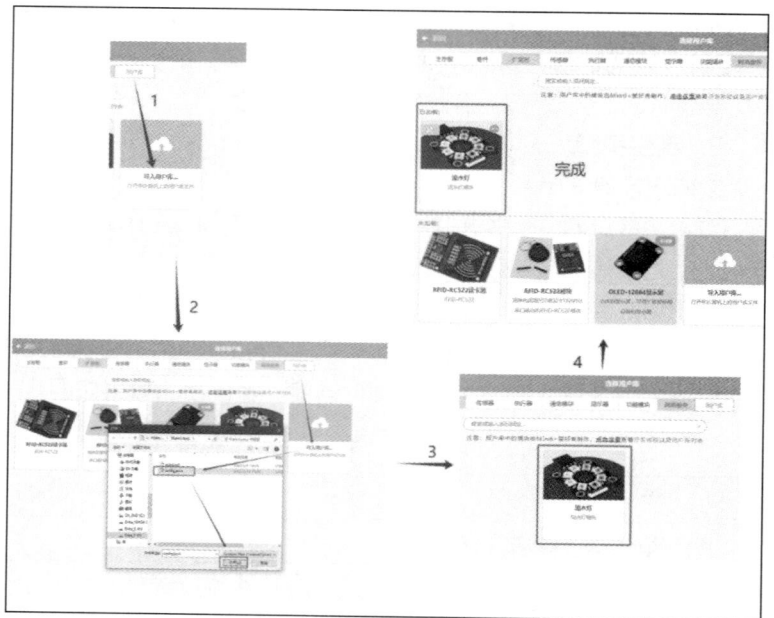

图 3-10　导入扩展文件

（3）添加开发板和扩展文件后就可以进行程序的搭建，具体的操作过程如表 3-3 所示。

表 3-3　程序搭建的操作过程

步骤	操作描述	操作图例
1	在用户库积木列表中，找到右列所示的积木。设置"RGB 引脚"为 A1，"最大数量"为 8（共 8 盏灯，编号为 0~7）	
2	在循环体内添加右列所示的积木，设置 0 号灯的颜色，等待 0.1s，关闭所有灯	
3	参照步骤 2，完成剩下 7 盏灯的积木的搭建	图略

按表 3-3 完成操作后，流水灯的程序完整流程如图 3-11 所示。

图 3-11　流水灯的程序完整流程

活动三　解读程序代码

一、查看 Mind+软件自动生成的代码

单击 Mind+软件右上角的"代码区"按钮，可看到软件自动生成的 Arduino C 语言的代码，如

图 3-12 所示。

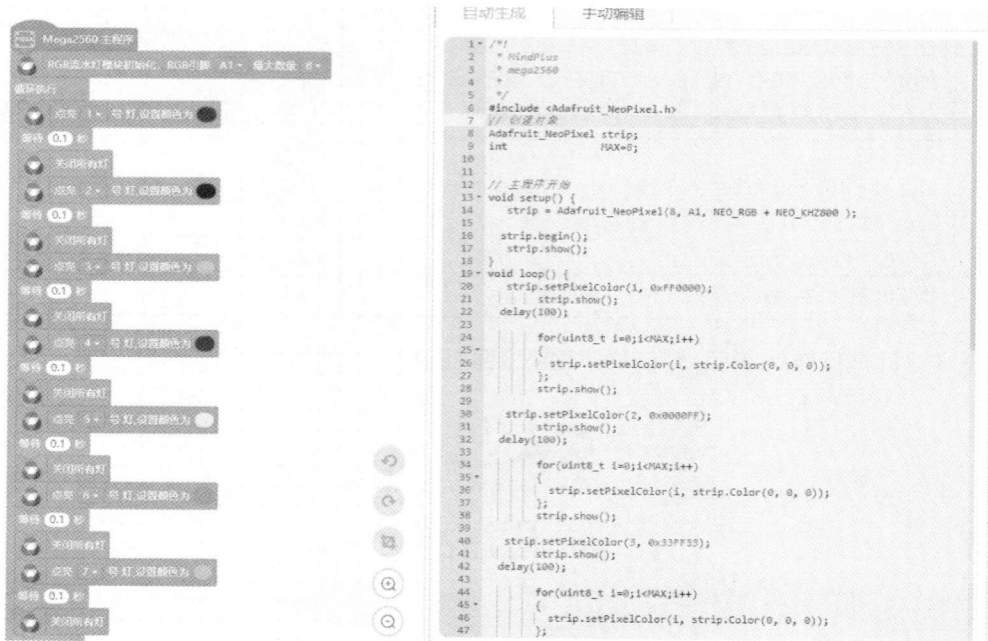

图 3-12　流水灯的 Arduino C 语言代码

二、代码解析

本任务中大部分代码相似度较高，比如 0~7 号灯，每盏灯的亮起代码基本相同，仅是灯的编号和颜色不同，因此下面以 1 号灯为例进行代码讲解。主要代码解析如表 3-4 所示。

表 3-4　主要代码解析

代码	含义
strip = Adafruit_NeoPixel(8, A1, NEO_RGB + NEO_KHZ800);	初始化多灯 RGB 彩灯模块的参数，其中参数 8 表示 LED 灯的最大数量为 8；NEO_RGB + NEO_KHZ800 表示模块中灯光颜色由 RGB 3 种颜色合成，灯光刷新频率为 800kHz
strip.begin();	启动多灯 RGB 彩灯模块
strip.show();	将多灯 RGB 彩灯模块按配置输出
strip.setPixelColor(1, 0xFF0000);	设置 1 号灯输出 0xFF0000 颜色的灯光
for(uint8_t i=0;i<MAX;i++)	循环语句，对 0~7 号灯进行设置
strip.setPixelColor(i, strip.Color(0, 0, 0));	设置 0~7 号灯熄灭，3 个 0 表示为熄灭状态
strip.show();	将多灯 RGB 彩灯模块按配置输出
delay(100);	等待 0.1s

活动四　上传与调试程序

编写完程序后，要进行程序的上传与调试，具体操作步骤如下。

一、连接设备

使用 USB 连接线将 Arduino Mega2560 开发板连接到计算机上，并在 Mind+软件中单击"连接设备"菜单，对开发板进行连接。

二、上传程序

在 Mind+软件中单击右上角的"上传到设备"按钮，完成程序的上传。

三、检查运行效果

观察多灯 RGB 彩灯模块的运行，将出现每个灯轮流闪烁的效果，部分灯亮的效果如图 3-13 所示。

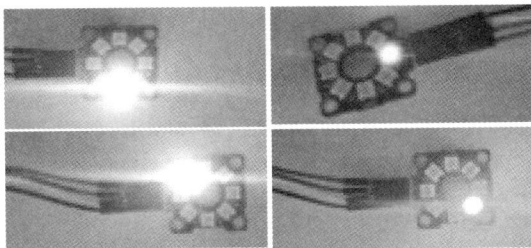

图 3-13　流水灯部分灯亮的效果

【任务评价】

学生在完成本任务的学习后，教师可以根据学生的综合表现给出评分得分。任务评价表如表 3-5 所示。

表 3-5　任务评价表

序号	主要内容	评价标准	分值/分	得分/分
1	混色原理	简述混色原理	10	
2	PWM 技术的应用	会根据亮度需要设定 PWM 的频率	10	
3	多灯 RGB 彩灯模块引脚的识别	能准确说出多灯 RGB 彩灯模块引脚标志的含义	10	
4	流水灯设备的组装	能正确完成流水灯的电路接线	15	
5	流水灯任务的程序编写和调试	能使用 Mind+软件正确编写积木程序	15	
		能完成程序的运行与调试，实现任务要求的功能	10	
6	职业素养	实验中，操作要安全、规范。完成实验后，应将相关元件、模块等收纳整齐，保持实验桌面干净、整洁	10	
7	学习态度	能主动参与课堂讨论和实践活动，积极寻求解决问题的方法	10	
		能按时完成学习及工作任务	10	
	总计		100	

【拓展学习】

LED 灯的应用

本任务所使用的 RGB 彩灯模块的核心元件是 LED 灯，其属于半导体材料，在日常生活中应用广泛。LED 灯主要包括以下几个方面的应用。

（1）家居照明。LED 灯在家居照明中得到了广泛应用，可以为家庭创造舒适的光照环境。同时，LED 灯还可以根据需要调节亮度和色温，以满足不同场景的照明需求。

（2）商业照明。LED 灯具有高亮度和高色彩还原性的特点，因此其在商业照明中得到了广泛应用。商场、超市、办公楼、酒店等场所都采用 LED 灯照明，其在提供明亮、舒适的光线的同时可以降低能耗和运营成本。

（3）娱乐设备。LED 灯发光颜色多样，在各种娱乐场所中常用来营造气氛。

（4）汽车内饰。现在越来越流行使用 LED 灯装饰汽车，比如使用环形灯产生"天使之眼"的效果。

（5）植物生长灯。LED 灯可以作为植物生长的光源，为植物提供必要的光照，促进其生长。

（6）医疗照明。LED 灯具有高色温、高显色性等特点，因此在医疗照明中得到了广泛应用，如手术室、治疗室等场所。

（7）指示照明。LED 灯具有节能、寿命长等特点，因此在指示照明中得到了广泛应用，如各种指示牌等。

【思考与练习】

1. 如果需要降低灯光的亮度，PWM 需如何设置？如果需要紫色的灯光，应如何设置参数呢？

2. 利用触摸开关模块，设计一个带有开关控制功能的台灯。开关被触碰一次，灯打开；再被触碰一次，灯关闭。

3. 请上网查阅资料，简述 LED 灯在生活中的应用。

任务二 物联网系统显示模块的安装与调试

【学习目标】

1. 了解 LCD、OLED 的工作原理。
2. 了解 IIC 通信协议的原理。
3. 能根据功能，恰当选择并正确安装信息显示模块。
4. 能使用 Mind+软件正确搭建积木程序。
5. 增强用户体验优化意识。

【任务情景】

在某农业生产企业中，为了保证生产环境长期处于恒温、恒湿的状态，工作人员需要实时查看生产环境的温度和湿度，以便及时发现问题。请使用物联网套件中的显示模块设计并制作一个温湿度信息实时显示系统。

【任务分析】

要实现本任务要求的功能，需要用到能检测温度和湿度的温湿度传感器和能显示信息的 OLED 显示屏模块。

【相关知识】

一、显示模块简介

物联网中的显示模块是一种用于显示信息的硬件设备，可以显示数据、图像、视频等。在显示屏技术领域，目前主要使用液晶显示器（Liquid Crystal Display，LCD）和有机发光二极管（Organic Light Emitting Diode，OLED），显示模块的产品主要包括以下 3 类。

1. 随身携带型产品

一些尺寸较小且轻便的产品需要用到 LCD 或 OLED，主要包括智能穿戴设备、智能手机（曲面屏、折叠屏采用 OLED 技术，如图 3-14 所示）等。

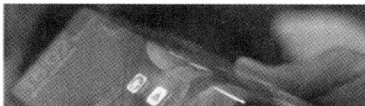

2. 中小型固定产品

中小型固定产品主要包括汽车液晶屏、固定仪器显示屏、智能家居显示屏等，其对元件的可定制性要求较高，并要求具有长期稳定工作的能力。

图 3-14　OLED 在智能手机中的应用

3. 显示型产品

显示型产品主要包括常规的家庭、公共场所使用的显示设备，例如在电梯、车站、会议室等场景中的广告机、显示屏等。

二、LCD 与 OLED 技术的原理

目前，显示技术主要有 LCD 和 OLED 技术两大类。LCD 技术发展较早，比较成熟。OLED 技术发展较快，在智能手机显示屏生产中成为主流。

如果把一幅图片无限地放大，就会发现图像的画面实际上是由无数小点拼凑出来的，这些小点

图 3-15　像素点

称为像素点，如图 3-15 所示。每个像素点是由红色、绿色、蓝色 3 个子像素构成的。红色、绿色、蓝色是三原色，将这 3 个子像素的颜色按不同比例混合，可以得到任何想要的颜色。每个像素点都承担着展示自己的颜色的任务，而当许多像素点组合在一起时，就能呈现出完整的图像。分辨率指的是图像中像素点的数量，其决定了图像的清晰度。

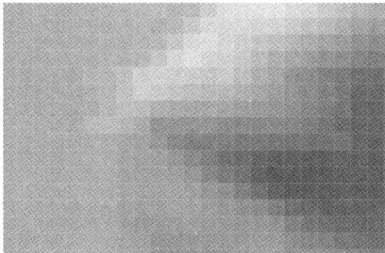

LCD 显示屏上的每个像素点都由 7 层构成，其中最下面是背光层，上面依次是垂直偏光片、正极电路、液晶层、负极电路、水平偏光片和彩色滤光片。LCD 显示屏结构如图 3-16 所示。背光层和彩色滤光片之间的部分

可以类比为电动控制的百叶窗帘。以红色子像素为例，当正极电路施加电压时，电流流过液晶层形成回路，电压的大小可以控制液晶层的偏转角度，从而控制红色子像素的亮度。同理，通过控制蓝色、绿色子像素的电压和偏转角度，可以混合出所需颜色，这就是 LCD 技术的原理。

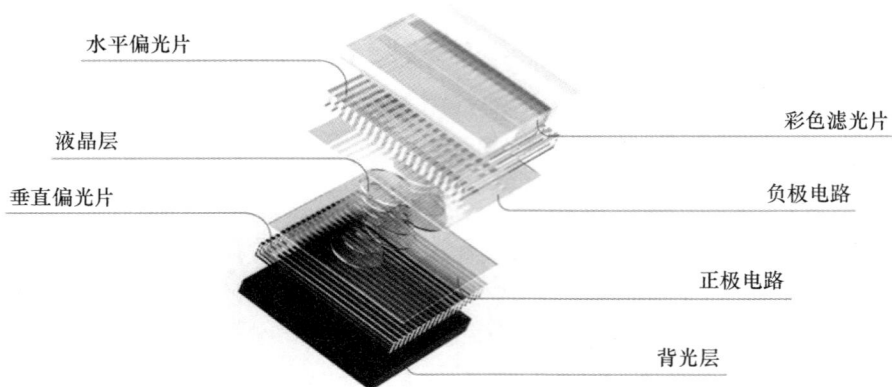

图 3-16　LCD 显示屏结构

OLED 显示屏和 LCD 显示屏一样，有红色、绿色、蓝色 3 个子像素，不同的是 OLED 显示屏没有液晶层和背光层。OLED 显示屏本身是一种特殊设计的发光二极管，只要通电就会亮，电流越大，亮度就越高；电流越小，亮度就越低。直接控制 OLED 的电流，就可以轻松地控制每个子像素的颜色比例，最终混合出所有想要的颜色。OLED 显示屏结构如图 3-17 所示。

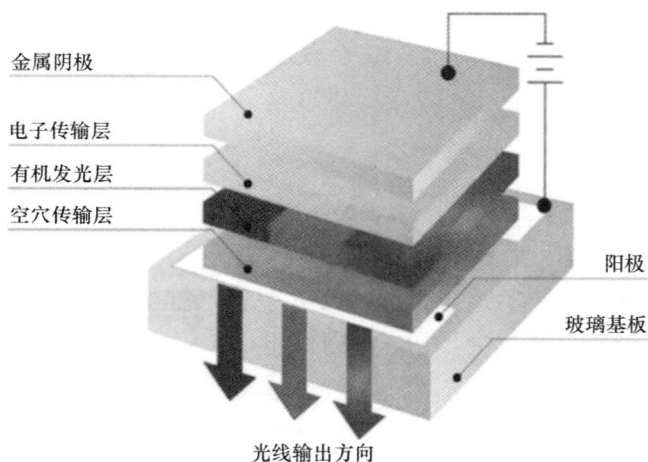

图 3-17　OLED 显示屏结构

三、LCD 和 OLED 技术的 IIC 通信协议

IIC 通信协议是一种串行通信协议，也被称为 I^2C 通信协议，用于在集成电路之间进行简单、快速、双向的通信。IIC 通信协议允许在一条数据线上连接多个设备，其中包括一个主设备和多个从设备。在每一组 IIC 总线上，主设备负责主导通信，并可以主动读取各个从设备上的数据；从设备只能等待主设备对自己进行读写操作，若主设备没有进行操作，从设备无法操作总线。IIC 总线在理论上可以

挂接数百个从设备，每个从设备都有一个固定的 7 位或 10 位从设备地址。当主设备要读写一个从设备时，它会向所有从设备发送该从设备的地址，只有地址与之匹配的从设备才会回应主设备。

在 IIC 通信中，需要使用 SCL 和 SDA 两条信号线。其中，SCL 是时钟线，用于在主设备与从设备之间进行计数同步；SDA 是双向串行数据线，用于收发数据。主设备和从设备还必须共地（即 GND 必须连接在一起）。IIC 总线连接示意如图 3-18 所示。

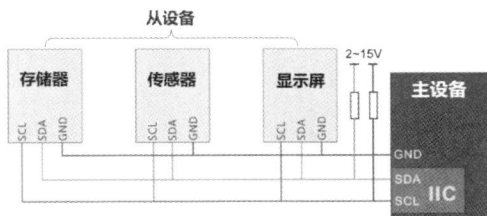

图 3-18　IIC 总线连接示意

四、OLED 显示屏模块引脚定义

本任务使用的是 0.96 寸的 OLED 显示屏，该显示屏有以下特点。

（1）0.96 寸的 OLED 显示屏有黄蓝色、白色、蓝色 3 种颜色可选。其中黄蓝型 OLED 显示屏上部的 1/4 区域显示为黑底黄字，下部的 3/4 区域显示为黑底蓝字，并且固定区域显示固定颜色，颜色和显示区域均不能修改；白色型 OLED 显示屏则显示纯白色光，也就是显示为黑底白字；蓝色型 OLED 显示屏则显示纯蓝色字，也就是显示为黑底蓝字。

（2）分辨率为 128×64 像素。

（3）0.96 寸的 OLED 显示屏有七针的 SPI/IIC 兼容型模块和四针的 IIC 型模块。这两种类型的模块都很方便使用，本任务选用四针的 IIC 型模块，如图 3-19 所示。

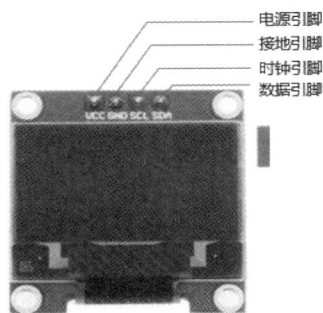

图 3-19　四针的 IIC 型模块

【技能训练】

根据前面的分析，从物联网实训套件中找出本任务所需的硬件设备，硬件设备清单如表 3-6 所示。

表 3-6　温湿度信息实时显示系统的硬件设备清单

序号	设备名称
1	Arduino Mega2560 开发板
2	OLED 显示屏模块
3	DHT11 温湿度传感器
4	已安装 Mind+软件的计算机

活动一　组装设备

一、梳理设备控制的逻辑关系

本任务使用的设备除了 Arduino Mega2560 开发板外，还有 DHT11 温湿度传感器和 OLED 显示屏模块。在工作时，由 Arduino Mega2560 开发板读取温湿度传感器检测到的温度和湿度数据，并将其显示在 OLED 显示屏模块上。温湿度信息实时显示系统的设备控制逻辑关系如图 3-20 所示。

图 3-20　温湿度信息实时显示系统的设备控制逻辑关系

二、组装硬件设备

1. 识读引脚标志

本任务使用的是 OLED 显示屏模块，该模块有 4 个引脚，分别如下。

（1）GND：接地引脚，用于连接模块的接地端。

（2）VCC：电源引脚，用于连接模块的电源端，通常需要连接 3.3V 或 5V 电源。

（3）SCL：时钟引脚，用于传输数据的时钟信号。

（4）SDA：数据引脚，用于传输数据。

2. 连接引脚

按如下步骤连接引脚。

（1）将 OLED 显示屏模块的 GND 引脚接到 Arduino 开发板的 GND 引脚上。

（2）将 OLED 显示屏模块的 VCC 引脚接到 Arduino 开发板的 3.3V 引脚上。

（3）将 OLED 显示屏模块的 SCL 引脚接到 Arduino 开发板的 SCL 引脚 21 上。

（4）将 OLED 显示屏模块的 SDA 引脚接到 Arduino 开发板的 SDA 引脚 20 上。

（5）将 DHT11 温湿度传感器的 VCC 引脚接到 Arduino 开发板的 5V 引脚上。

（6）将 DHT11 温湿度传感器的 GND 引脚接到 Arduino 开发板的 GND 引脚上。

（7）将 DHT11 温湿度传感器的 OUT 引脚接到 Arduino 开发板的 PWM 区域的引脚 7 上。

设备之间引脚的对应关系如表 3-7 所示。连接后的效果如图 3-21 所示。

表 3-7　温湿度信息实时显示系统各模块接线引脚对应关系

设备引脚	连向设备的名称	所连向设备的引脚
OLED 显示屏模块的 VCC	Arduino 开发板	3.3V
OLED 显示屏模块的 GND	Arduino 开发板	GND
OLED 显示屏模块的 SCL	Arduino 开发板	21
OLED 显示屏模块的 SDA	Arduino 开发板	20
DHT11 温湿度传感器的 VCC	Arduino 开发板	5V
DHT11 温湿度传感器的 GND	Arduino 开发板	GND
DHT11 温湿度传感器的 OUT	Arduino 开发板	7

组装设备的注意事项如下。

（1）在连线前，需要拔掉 Arduino Mega2560 的电源，在断电的情况进行连线。

（2）连接线上的引脚较尖锐，在操作过程中要注意安全。

（3）将连接好后的设备放置在防静电的工作台上，不可将通电设备放置在金属材质的台面上。

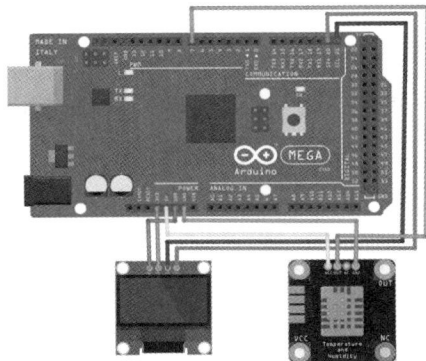

图 3-21　温湿度信息实时显示系统的设备连接效果

活动二　编写图形程序

一、分析程序流程

本任务的程序设计思路如下。

（1）定义两个变量，分别用于存储温度值和湿度值。

（2）读取温度值和湿度值，并将温度值和湿度值赋给步骤（1）中定义的两个变量。

（3）在 OLED 显示屏模块的第 1 行显示温度值。

（4）在 OLED 显示屏模块的第 2 行显示湿度值。

（5）延时 1s，循环执行步骤（1）～（4）。

温湿度信息实时显示系统的程序流程图如图 3-22 所示。

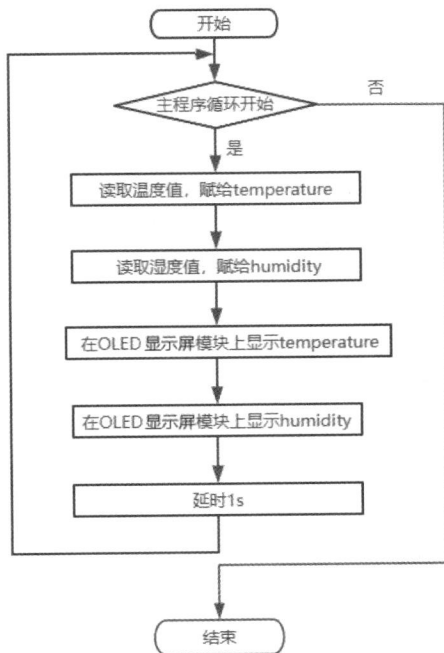

图 3-22　温湿度信息实时显示系统的程序流程图

二、搭建积木程序

分析完程序的流程后，利用 Mind+ 软件搭建积木程序。

（1）打开 Mind+ 软件，在软件的左下角单击"拓展"图标，添加 Arduino Mega2560 开发板，再添加 DHT11/22 温湿度传感器和 OLED-12864 显示屏，如图 3-23、图 3-24 所示。

图 3-23　添加温湿度传感器

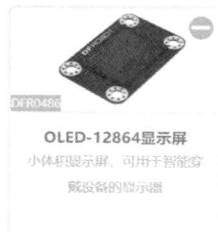

图 3-24　添加 OLED 显示屏

（2）添加设备后就可以进行程序的搭建，具体的操作过程如表 3-8 所示。

表 3-8　程序搭建的操作过程

步骤	操作描述	操作图例
1	定义两个变量，其中，变量 temperature 用于存储温度，变量 humidity 用于存储湿度	变量 temperature 变量 humidity
2	初始化 OLED 显示屏模块的 IIC 地址	Mega2560 主程序 OLED 128*64初始化 IIC地址 0x3c
3	设置 temperature 为 DHT11 温湿度传感器的温度值，设置 humidity 为 DHT11 温湿度传感器的湿度值	设置 temperature 的值为 读取引脚 7 DHT11 温度(°C) 设置 humidity 的值为 读取引脚 7 DHT11 湿度(%rh)
4	在 OLED 显示屏模块的第 1 行显示温度值。在 OLED 显示屏模块的第 2 行显示湿度值	OLED 128*64 第 1 行 显示 合并 合并 当前温度为 变量 temperature °C OLED 128*64 第 2 行 显示 合并 合并 当前温度为 变量 humidity %RH

按表 3-8 完成操作后，温湿度信息实时显示系统的程序完整流程如图 3-25 所示。

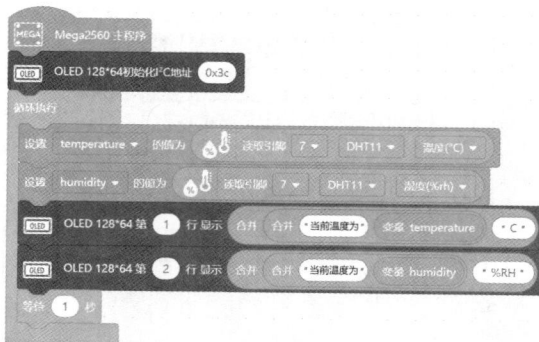

图 3-25　温湿度信息实时显示系统的程序完整流程

活动三 解读程序代码

一、查看 Mind+软件自动生成的代码

单击 Mind+软件右上角的"代码区"按钮，查看软件自动生成的 Arduino C 语言的代码，如图 3-26 所示。本程序使用了大量对象或函数，将复杂的逻辑封装在内部，初学者不必深入研究内部程序，只需了解每行代码的大致功能即可。

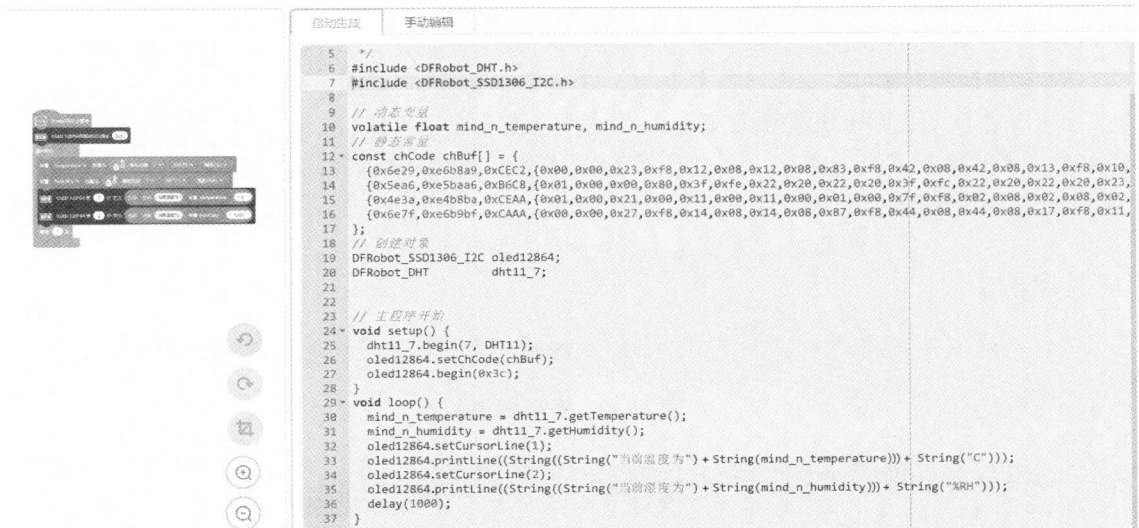

```
  5    */
  6   #include <DFRobot_DHT.h>
  7   #include <DFRobot_SSD1306_I2C.h>
  8
  9   // 动态变量
 10   volatile float mind_n_temperature, mind_n_humidity;
 11   // 静态常量
 12   const chCode chBuf[] = {
 13     {0x6e29,0xe6b8a9,0xCEC2,{0x00,0x00,0x23,0xf8,0x12,0x08,0x12,0x08,0x83,0xf8,0x42,0x08,0x42,0x08,0x13,0xf8,0x10,
 14     {0x5ea6,0xe5baa6,0xB6C8,{0x01,0x00,0x00,0x00,0x3f,0xfe,0x22,0x20,0x22,0x20,0x3f,0xfc,0x22,0x20,0x22,0x20,0x23,
 15     {0x4e3a,0xe4b8ba,0xCEAA,{0x01,0x00,0x21,0x00,0x11,0x00,0x11,0x00,0x01,0x00,0x7f,0xf8,0x02,0x08,0x02,0x08,0x02,
 16     {0x6e7f,0xe6b9bf,0xCAAA,{0x00,0x00,0x27,0xf8,0x14,0x08,0x14,0x08,0x87,0xf8,0x44,0x08,0x44,0x08,0x17,0xf8,0x11,
 17   };
 18   // 创建对象
 19   DFRobot_SSD1306_I2C oled12864;
 20   DFRobot_DHT          dht11_7;
 21
 22
 23   // 主程序开始
 24   void setup() {
 25     dht11_7.begin(7, DHT11);
 26     oled12864.setChCode(chBuf);
 27     oled12864.begin(0x3c);
 28   }
 29   void loop() {
 30     mind_n_temperature = dht11_7.getTemperature();
 31     mind_n_humidity = dht11_7.getHumidity();
 32     oled12864.setCursorLine(1);
 33     oled12864.printLine((String((String("当前温度为") + String(mind_n_temperature))) + String("C")));
 34     oled12864.setCursorLine(2);
 35     oled12864.printLine((String((String("当前湿度为") + String(mind_n_humidity))) + String("%RH")));
 36     delay(1000);
 37   }
```

图 3-26 温湿度信息实时显示系统的 Arduino C 语言的代码

二、代码解析

主要代码解析如表 3-9 所示。

表 3-9 主要代码解析

代码	含义
dht11_7.begin(7, DHT11);	在引脚 7 上启动 DHT11 温湿度传感器
oled12864.setChCode(chBuf);	chBuf 是一个数组，用于存储屏幕通电后显示的图案或字符。该行代码的含义是设置屏幕显示默认图案
oled12864.begin(0x3c);	设置 OLED 显示屏的设备地址为 0x3c
mind_n_temperature = dht11_7.getTemperature();	获取温度值并存入变量 mind_n_temperature 中
mind_n_humidity = dht11_7.getHumidity();	获取湿度值并存入变量 mind_n_humidity 中
oled12864.setCursorLine(1);	设置 OLED 显示屏显示光标到第一行
oled12864.printLine((String((String("当前温度为") + String(mind_n_temperature))) + String("C")));	显示当前温度值
oled12864.setCursorLine(2);	设置 OLED 显示屏显示光标到第二行
oled12864.printLine((String((String("当前湿度为") + String(mind_n_humidity))) + String("%RH")));	显示当前湿度值
delay(1000);	等待 1s

活动四　上传与调试程序

编写完程序后，要进行程序的上传与调试，具体操作步骤如下。

一、连接设备

使用 USB 连接线将 Arduino Mega2560 开发板连接到计算机上，并在 Mind+软件中单击"连接设备"菜单，对开发板进行连接。

二、上传程序

在 Mind+软件中单击右上角的"上传到设备"按钮，完成程序的上传。

三、检查运行效果

程序正常运行后，可以观察到在 OLED 显示屏上显示出了当前的温度和湿度，如图 3-27 所示。在 DHT11 温湿度传感器上吹气，观察 OLED 显示屏的温度和湿度的数值变化。

图 3-27　温湿度信息实时显示系统的运行效果

【任务评价】

学生在完成本任务的学习后，教师可以根据学生的综合表现给出评分。任务评价表如表 3-10 所示。

表 3-10　任务评价表

序号	主要内容	评价标准	分值/分	得分/分
1	显示模块的认识	能说出 OLED 显示屏模块和温湿度传感器引脚标志的含义	10	
2	LCD 显示屏及 OLED 显示屏发光的原理	能说出 LCD 显示屏的构造、发光的原理及 OLED 显示屏发光的原理	10	
3	IIC 通信协议	能简要描述 IIC 主从设备之间的关系	10	
4	温湿度信息实时显示任务的设备组装	能正确完成设备的电路接线	15	
5	温湿度信息实时显示任务的程序编写和调试	能使用 Mind+软件正确编写积木程序	15	
		能完成程序运行与调试，实现任务要求的功能	10	
6	职业素养	实验中，操作要安全、规范。完成实验后，应将相关元件、模块等收纳整齐，保持实验桌面干净、整洁	10	
7	学习态度	能主动参与课堂讨论和实践活动，积极寻求解决问题的方法	10	
		能按时完成学习及工作任务	10	
	总计		100	

【拓展学习】

我国显示器面板产业的发展历程

显示器面板是现代电子设备的核心组件，广泛应用于电视、计算机、手机等设备中。我国显示器面板产业的发展历程，不仅是技术进步的缩影，更是我国制造业从跟随到引领的典范。

1. 起步阶段

20 世纪 80 年代，我国电子产业开始起步。1996 年，我国第一家 LCD 面板企业成立。

2. 初步发展阶段

随着全球液晶显示技术的快速发展，我国开始意识到显示器面板产业的重要性。此阶段，我国出台政策支持面板产业发展，推动产业快速扩张。

3. 快速发展阶段

全球液晶面板市场需求快速增长，我国成为全球最大的消费市场。

4. 技术创新阶段

我国显示器面板产业进入高质量发展阶段，技术创新能力显著提升，产业链不断完善，从材料、设备到面板制造实现全面自主化。新型显示技术（如 Micro LED、Mini LED、折叠屏等）成为发展重点。

通过政策支持、技术创新和市场开拓，我国已成为全球显示器面板产业的重要力量。未来，随着新型显示技术的不断突破，我国有望在高端显示领域占据更大的市场份额，推动全球显示产业的进一步发展。

【思考与练习】

1. 请上网查阅资料，了解 OLED 技术的最新发展情况。
2. 请简述 IIC 通信的读写过程。
3. 使用 OLED 显示屏模块和超声波传感器，将超声波传感器检测到的障碍物的距离输出到 OLED 显示屏上。

任务三　物联网电机控制器的安装与调试

【学习目标】

1. 掌握电机的工作原理。
2. 掌握电机驱动模块的连接方法。
3. 能正确装配智能风扇电路。
4. 能独立完成积木程序的搭建、上传与调试。
5. 培养设备安全运维责任感。

【任务情景】

某学校为践行节能环保，准备对教室的一些电器进行智能化改造，改造的任务之一是实现对电风扇的智能控制，当检测到教室无人时，自动关闭电风扇。请使用物联网套件设计并制作这样的智能风扇。

【任务分析】

要实现风扇的自动关闭，首先要判断是否有人在教室。有很多方法可以实现这一功能，例如使用视频监控或红外传感器。从技术实现难易程度和设备成本角度考虑，红外传感器比较满足本任务的需求。

其次需要考虑如何控制大功率风扇的问题，开发板所提供的电源电压仅有 3.3V 和 5V，无法直接驱动大功率风扇的电机。要解决这一问题，我们可以使用 ULN2003 电机驱动模块驱动大电流、大功率的直流电机。

【相关知识】

一、直流电机简介

电机的核心功能是将电能转换为机械能，实现物体的旋转或直线运动。电机可以分为直流电机和交流电机两大类，直流电机使用直流电作为电源，交流电机使用交流电作为电源。直流电机是物联网中常见的执行器之一，可以用于各种应用场景，如机器人控制、运输设备、家电控制等。

二、直流电机的工作原理

直流电机的工作原理如图 3-28 所示。直流电机的左右两侧各有一个磁铁，分别是 S 极和 N 极，在中间穿上一个线圈。在电机通电瞬间，线圈周围会产生与磁铁互斥的磁场，于是中间的线圈就会发生旋转。在运动快结束时，由于惯性的作用，借助电刷装置，电路中的电流可以切换成反方向，再次产生互斥的磁场，这样电机就能够持续不断地旋转下去。

在电机中，外围固定的磁铁叫作定子，内部可以转动的部分叫作转子。在环绕的线圈中间加入一个铁芯，就可以构成一个电磁铁。电机中的定子和转子使用的都是电磁铁。如果在定子和转子上增加一些电磁铁，就能增大电机的转动速度和流畅度，实际应用中的电机设备就是这样实现功能的。电机转子实物图如图 3-29 所示，电机定子实物图如图 3-30 所示。

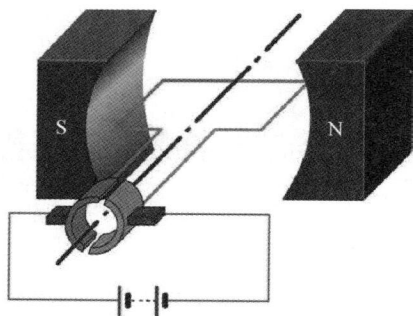

图 3-28　直流电机的工作原理

图 3-29　电机转子实物图

图 3-30　电机定子实物图

三、ULN2003 电机驱动模块

ULN2003 电机驱动模块具有放大电流的功能，特别适合驱动四路步进电机，其外观如图 3-31 所示。

一些电机的工作电压较高、工作电流较大，比如某电机的工作电压为 24V，工作电流为 400mA，而 Arduino 开发板的输出电流约为 40mA，电压为 3.3V。显然，Arduino 开发板上的电源无法驱动这样的电机。使用 ULN2003 电机驱动模块，借助外部电源，可以为电机提供更高的电压、更大的电流。

图 3-31　ULN2003
电机驱动模块外观

【技能训练】

根据前面的分析，从物联网实训套件中找出本任务所需的硬件设备，硬件设备清单如表 3-11 所示。

表 3-11　智能风扇的硬件设备清单

序号	设备名称
1	Arduino Mega2560 开发板
2	微型 130 小电机
3	4 叶小风扇叶片
4	ULN2003 电机驱动模块
5	红外传感器
6	已安装 Mind+软件的计算机

活动一　组装设备

一、梳理设备控制的逻辑关系

本任务中，红外传感器用来检测是否有人，并将检测结果（状态信号）发送给 Arduino Mega2560 开发板。Arduino Mega2560 开发板根据检测结果，向 ULN2003 电机驱动模块发送电机控制信号，ULN2003 电机驱动模块控制风扇电机转动。智能风扇的设备控制逻辑关系如图 3-32 所示。

二、组装硬件设备

1. 识读引脚标志

仔细观察各硬件设备的引脚标志，明确各标志的含义。

本任务需要使用红外传感器、ULN2003 电机驱动模块和直流电机，它们的引脚分别如下。

（1）红外传感器

① VCC：电源引脚，为模块提供工作电压。

② GND：接地引脚，将模块与地相连，以保证电路正常工作并防止静电放电。

③ OUT：输出引脚，当检测到人体红外信号时，该引脚输出高电平；否则，输出低电平。

④ NC：空引脚，不需要连接任何引脚。

（2）ULN2003 电机驱动模块

ULN2003 电机驱动模块引脚示意如图 3-33 所示。

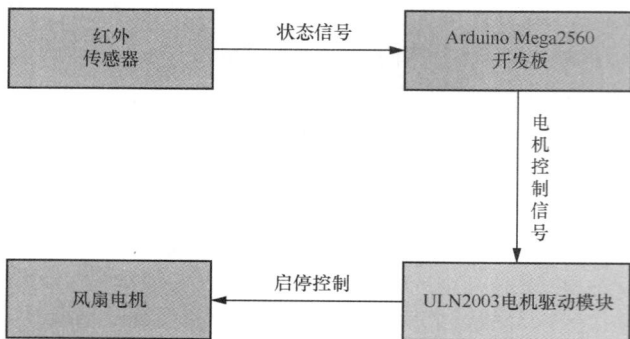

图 3-32　智能风扇的设备控制逻辑关系

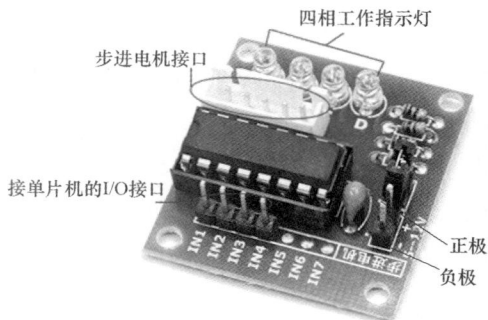

图 3-33　ULN2003 电机驱动模块引脚示意

① IN1～IN7：表示 I/O 接口，用于接收来自外部控制器的控制信号。这些引脚可以分别连接控制器的 I/O 接口，通过控制输入信号的高低电平来控制电机的转动方向和速度。

② +：表示电源的正极，需要接到外部电源的正极，通常是 5V 或 12V 等。

③ -：表示电源的负极，需要接到外部电源的负极，通常是 0V 或 GND（地）。

④ 步进电机接口：用于连接电机。

（3）直流电机

① 电源引脚：用于连接直流电源，为直流电机提供工作电压，通常为红色线。

② 接地引脚：用于连接直流电机的外壳或底盘，以确保电机和其他电路的接地安全。

2. 连接引脚

按如下步骤进行硬件设备的组装。

（1）将红外传感器的 VCC 引脚接到 Arduino 开发板的 3.3V 引脚上。

（2）红外传感器的 NC 引脚表示空引脚，不需要接线。

（3）将红外传感器的 GND 引脚与 Arduino 开发板的 GND 引脚相连。

（4）将红外传感器的 OUT 引脚接到 Arduino 开发板的引脚 6 上。

（5）连接直流电机与 ULN2003 电机驱动模块。将 ULN2003 电机驱动模块的电机接口引脚连到直流电机的电源正极上，4 号输出引脚连接直流电机的负极。

（6）连接 Arduino 开发板与 ULN2003 电机驱动模块。ULN2003 电机驱动模块使用了 4 号输出引脚，因此 ULN2003 电机驱动模块的输入端需选择 IN4 引脚。IN4 引脚可连接 Arduino 开发板数字引脚中的任意一个，实现对 ULN2003 电机驱动模块的控制。本任务使用的是 Arduino 开发板的引脚 10。

由于本任务使用的直流电机的功率较小，电机驱动模块的电源也可以使用 Arduino 开发板上的 5V 电源。

智能风扇的设备引脚连接如表 3-12 所示。连接后的效果如图 3-34 所示。

表 3-12　智能风扇的设备引脚连接

引脚	连向设备的名称	所连向设备的引脚
红外传感器的 VCC	Arduino 开发板	3.3V
红外传感器的 GND	Arduino 开发板	GND
红外传感器的 OUT	Arduino 开发板	6
ULN2003 电机驱动模块的电源正极（＋）	Arduino 开发板	5V
ULN2003 电机驱动模块的电源负极（－）	Arduino 开发板	GND
ULN2003 电机驱动模块的 IN4	Arduino 开发板	10
ULN2003 电机驱动模块的电机接口引脚	直流电机	电机红色线（正极）
ULN2003 电机驱动模块的 4 号输出引脚	直流电机	电机黑色线（负极）

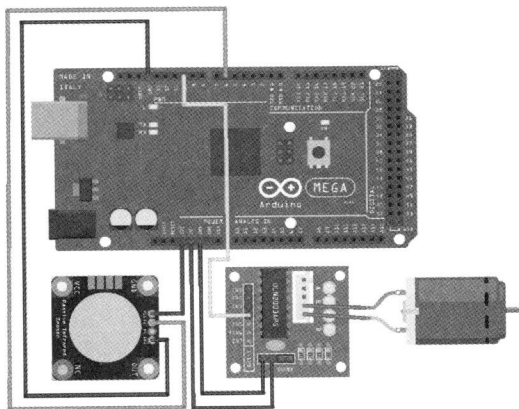

图 3-34　智能风扇的设备连接效果

组装设备的注意事项如下。

（1）电机的连接线应该为红色线接电源正极、黑色线接电源负极，切不可接反，避免引起电机故障。

（2）电机驱动模块中，输入信号与输出信号需要一一对应，否则无法驱动电机。

（3）连接线上的引脚较尖锐，在操作过程中要注意安全。

活动二　编写图形程序

一、分析程序流程

下面说明本程序的设计思路。智能风扇的程序流程图如图 3-35 所示。

（1）定义变量 find，用于存放红外传感器的检测结果。

（2）当红外传感器检测到有人时，find 变量赋值为 1；检测到无人时，find 变量赋值为 0。

（3）串口输出 find 值是为了在编程过程中检测传感器是否正常工作，这不是必需的部分。

（4）延时 1s 是为了方便在串口调试窗口中观察 find 的值，这不是必需的部分。

（5）对 find 值的状态进行判断，当 find 值为 1 时，表示有人，则向 ULN2003 电机驱动模块输出高电平，启动风扇并运行 60s，随后向 ULN2003 电机驱动模块输出低电平，关闭风扇；再次检测是否有人。

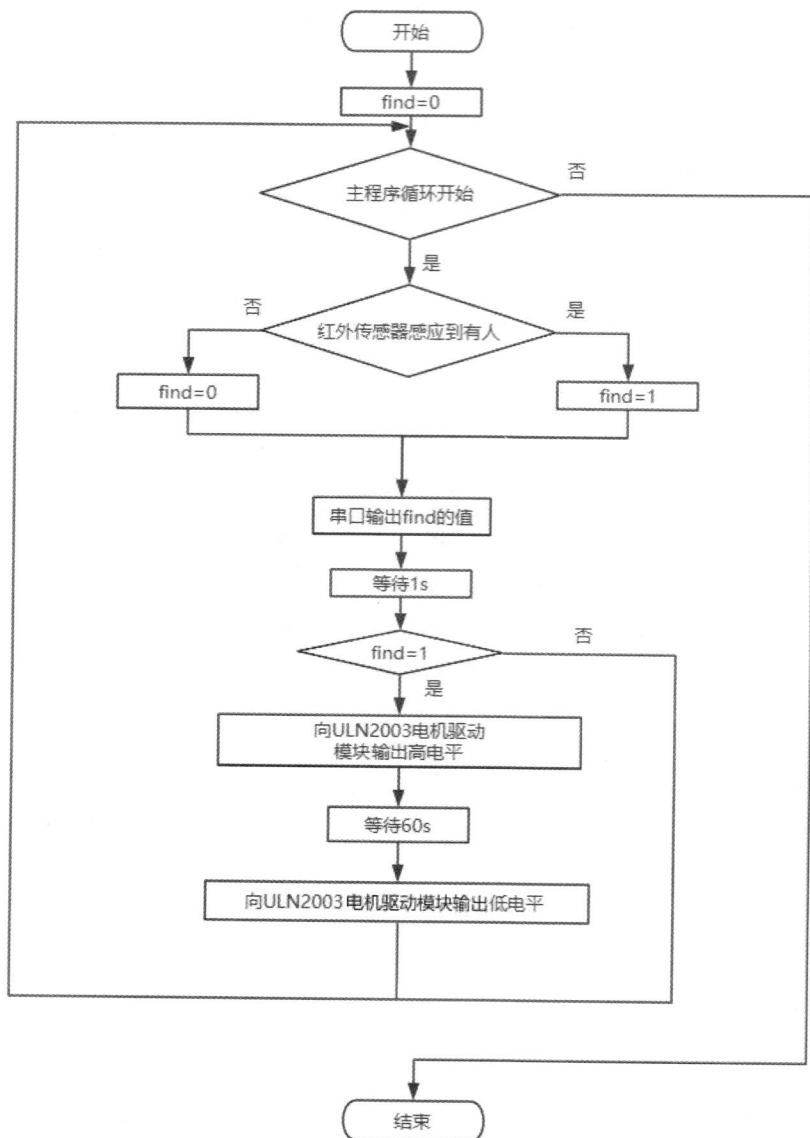

图 3-35　智能风扇的程序流程图

二、搭建积木程序

分析完程序的流程后，利用 Mind+软件搭建积木程序。

（1）打开 Mind+软件，在软件界面的左下角单击"拓展"图标，添加 Arduino Mega2560 开发板。

（2）添加设备后就可以进行程序的搭建，具体操作过程如表 3-13 所示。

表 3-13　程序搭建的操作过程

步骤	操作描述	操作图例
1	定义一个数值型变量 find，用于表示红外传感器的检测结果	变量 find
2	设置 find 的值为 0	Mega2560 主程序　设置 find 的值为 0
3	找到"如果-否则"积木，拖入主循环体中。在"如果"的条件框内，放置读取数字引脚 6 的积木。如果条件成立，则设置 find 的值为 1，否则设置 find 的值为 0	如果 读取数字引脚 6 那么执行　设置 find 的值为 1　否则　设置 find 的值为 0
4	使用串口输出的 find 的值，检测红外传感器是否正常工作	串口0 字符串输出 变量 find 换行
5	等待 1s，目的是方便观察串口输出的数据。此时可以把程序上传到设备中	等待 1 秒
6	如果变量 find 的值为 1，表明检测到有人。因为 ULN2003 电机驱动模块使用了数字引脚 10，所以设置该引脚为高电平，风扇开启。运行 60s 后，设置数字引脚 10 为低电平，风扇关闭	如果 变量 find = 1 那么执行　设置数字引脚 10 输出 高电平　等待 60 秒　设置数字引脚 10 输出 低电平

按表 3-13 完成操作后，智能风扇的程序完整流程如图 3-36 所示。

图 3-36　智能风扇的程序完整流程

活动三　解读程序代码

一、查看 Mind+ 软件自动生成的代码

单击 Mind+ 软件右上角的"代码区"按钮，查看本任务的 Arduino C 语言的代码，如图 3-37 所示。代码中定义了一个变量 mind_n_find，当读取到红外传感器信号时，变量 mind_n_find 的值将被修改，通过串口调试窗口可观察到变量 mind_n_find 的变化情况，从而可判断红外传感器是否正常工作。在串口调试窗口中观察某个变量是编程调试的常用方法。

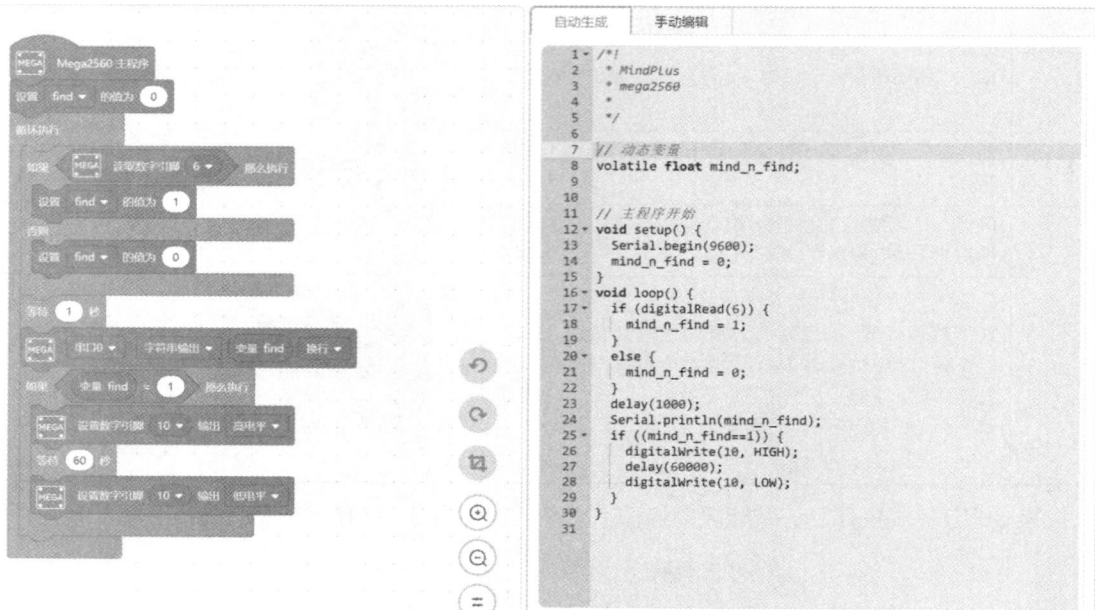

图 3-37　智能风扇的 Arduino C 语言的代码

二、代码解析

主要代码解析如表 3-14 所示。

表 3-14　主要代码解析

代码	含义
mind_n_find = 0;	将变量 mind_n_find 赋值为 0
if (digitalRead(6)) {	读取数字引脚 6，判断是否为高电平
mind_n_find = 1;	若是高电平，将变量 mind_n_find 赋值为 1
delay(1000);	延时 1s
Serial.println(mind_n_find);	在调试串口中输出变量 mind_n_find 的值
if ((mind_n_find==1)) {	如果变量 mind_n_find 的值等于 1，表示红外传感器检测到有人
digitalWrite(10, HIGH);	向数字引脚 10 输出高电平，此时风扇开始转动
delay(60000);	延时 60s，即保持风扇转动
digitalWrite(10, LOW);	向数字引脚 10 输出低电平，此时风扇停止转动

活动四　上传与调试程序

编写完程序后，要进行程序的上传与调试，具体操作步骤如下。

一、连接设备

使用 USB 连接线将 Arduino Mega2560 开发板连接到计算机上，并在 Mind+软件中单击"连接设备"菜单，对开发板进行连接。

二、上传程序

在 Mind+软件中单击右上角的"上传到设备"按钮，完成程序的上传。

三、检查运行效果

靠近红外传感器，风扇启动并运行 60s，如图 3-38 所示。将红外传感器转向无人的方向，串口调试窗口中 find 的值变为 0，风扇停止运行，如图 3-39 所示。

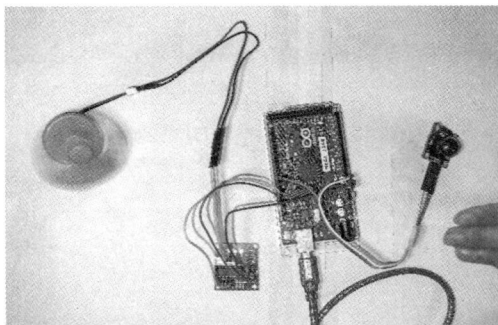

图 3-38　有人时智能风扇的运行效果

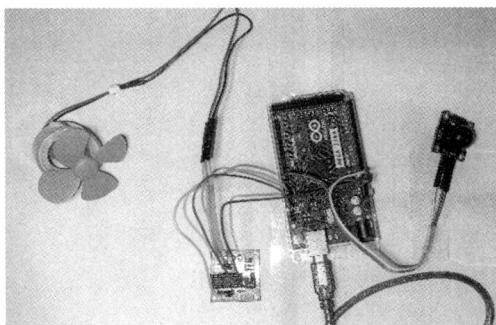

图 3-39　无人时智能风扇的运行效果

【任务评价】

学生在完成本任务的学习后，教师可以根据学生的综合表现给出评分。任务评价表如表 3-15 所示。

表 3-15　任务评价表

序号	主要内容	评价标准	分值/分	得分/分
1	ULN2003 电机驱动模块的认识	能说出 ULN2003 电机驱动模块上各引脚标志的含义	15	
2	直流电机的工作原理	能简要说出直流电机的工作原理	10	
3	设备的接线	能正确进行设备的组装	20	
4	程序的编写和调试	能使用 Mind+软件正确编写积木程序	15	
		能完成程序的运行与调试，实现任务要求的功能	10	
5	职业素养	实验中，操作要安全、规范。完成实验后，应将相关元件、模块等收纳整齐，保持实验桌面干净、整洁	10	
6	学习态度	能主动参与课堂讨论和实践活动，积极寻求解决问题的方法	10	
		能按时完成学习及工作任务	10	
	总计		100	

【拓展学习】

能精确"走位"的电机

普通的交流电机或直流电机只能通过控制电源信号的正、负极方向，实现对电机转动的控制，但无法实现精准控制电机的转动角度、行程等参数，因此在需要精确控制电机转动的场景中，可以使用步进电机和伺服电机。

步进电机是一种将电脉冲信号转变为角位移或线位移的开环控制电机，其通过控制脉冲个数和频率，可以实现准确定位和调速。步进电机广泛应用于数字式计算机的外部设备、打印机、绘图机、磁盘等装置，具有控制简单、精度高、使用和维修方便、制造成本低等优点。

伺服电机是自动控制系统中的一种执行元件，能将电信号转换成电机轴上的角速度输出或角位移输出。伺服电机广泛应用于遥控玩具车、机器人、工业设备等领域，近年来也应用于制药、食品等行业。与步进电机相比，伺服电机具有高速低扭矩、加速时间短等特点。

伺服电机和步进电机在应用上有很大的区别，其中最大的区别是伺服电机的加速时间只有几毫秒，可以忽略，而步进电机不能忽略加速时间。此外，伺服电机一般能达到每分钟几千转的额定转速，而步进电机由于自身特性，一般只有每分钟五六百转的转速，但扭矩比同规格的伺服电机大很多。因此，可以根据实际需求，选择使用步进电机或伺服电机来实现精准控制电机转动的目的。

【思考与练习】

1. 请简述电机转动原理。
2. 什么是电机的定子和转子？
3. 使用单灯 RGB 彩灯模块为智能风扇增加运行状态指示灯功能：风扇转动时，单灯 RGB 彩灯模块的绿灯亮起；风扇停止时，单灯 RGB 彩灯模块的红灯亮起。

模块四
物联网系统典型应用

我国一直倡导建立"智慧社区"，所谓的"智慧"主要体现在"互联网+物联网"的应用。"互联网+物联网"通过物联网技术把社区硬件设备、物品与互联网连接起来，进行信息交换与通信，实现对社区硬件或物品的智能化识别、定位、监控和管理，涵盖安全防范、能源管理、社区服务、智能家居等诸多方面。

在本模块中，我们将学习射频识别（Radio Frequency Identification，RFID）技术以及pH 值传感器、土壤湿度传感器、语音识别传感器等多种设备的工作原理、性能参数，并根据实际的功能需求，设计电路图，选择合适的硬件设备，搭建实物电路，构建简单的智慧社区应用场景。

任务一　智能门禁系统的安装与调试

【学习目标】

1. 了解 RFID 系统的工作原理。
2. 能正确安装 RFID 模块及读取 RFID 标签数据。
3. 能独立完成积木程序的搭建、上传与调试。
4. 提升应急响应与权限管理能力。

【任务情景】

在办公楼中，为了确保办公区域安全，需要安装一套门禁系统。根据现场实际情况，搭建智能门禁系统，以便更好地管理进出办公室的人员和物品。

【任务分析】

为了实现门禁系统，我们可以采用不同的技术，包括 RFID 技术、生物识别技术、密码识别技术和视频监控技术等。在这些技术中，RFID 技术是非常适合的选择。RFID 技术具备安全性高、便捷易用、识别速度快、扩展性强和灵活性强等诸多优势。因此，我们可以利用物联网套件中的 RFID 套件制作一个小型的验证机，来实现智能门禁系统。

【相关知识】

一、智能门禁系统的组成

智能门禁系统通常由多个组件构成，其中包括 RC522 芯片、门禁控制器、RFID 模块、电磁锁或电动门控制器、控制终端、软件平台等，具体如下。

（1）RC522 芯片：RC522 芯片是一种 RFID 芯片，广泛用于智能门禁系统。RC522 芯片具有与 RFID 标签进行通信和识别的功能，可用于读取 RFID 标签上的信息或进行身份验证。

（2）门禁控制器：门禁控制器是智能门禁系统的核心部分，用于管理和控制门禁设备。门禁控制器通常与 RC522 芯片连接，可以处理该芯片读取的数据并控制门禁设备的开启或关闭。

（3）RFID 模块：RFID 模块包括 RFID 读卡器和 RFID 标签两部分，如图 4-1 所示。

RFID 读卡器是与门禁控制器相连的设备，用于读取 RFID 标签上的信息。RFID 读卡器包含 RC522 芯片，能够将 RFID 标签的唯一识别码或其他相关数据传输给门禁控制器处理。

RFID 标签用于识别身份。RFID 标签通常带有唯一识别码，其可以被 RFID 读卡器读取。当 RFID 标签与 RFID 读卡器接触或靠近时，RFID 读卡器中的 RC522 芯片将读取 RFID 标签的信息并传输给门禁控制器进行身份验证。

图 4-1　RFID 读卡器和 RFID 标签

（4）电磁锁或电动门控制器：电磁锁或电动门控制器是用于控制门开启和关闭的装置。电磁锁或电动门控制器与门禁控制器相连，根据门禁控制器的指令来控制门的状态，使门在验证通过时打开，在验证失败或其他条件下关闭。

（5）控制终端：控制终端是用于配置和管理智能门禁系统的设备。控制终端可以是计算机、智能手机、平板计算机或专用的门禁管理终端。通过控制终端，管理员可以进行添加、删除或修改授权用户，以及查看门禁日志等操作。

（6）软件平台：智能门禁系统需要配备相应的软件平台，用于管理和监控门禁设备。软件平台可以提供用户管理、权限管理、事件日志记录和报警管理等功能。

智能门禁系统各组件共同协作，实现对门禁设备的智能化管理和身份验证。

二、RC522 芯片

RC522 芯片是一种 RFID 芯片，常用于近场通信（Near Field Communication，NFC）应用。RC522 芯片广泛应用于多个领域，如门禁系统、智能卡、物联网设备等。RC522 芯片引脚如图 4-2 所示。

RC522 芯片的主要特点和功能如下。

（1）射频通信：RC522 芯片支持频率为 13.56MHz 的射频通信，符合 ISO/IEC 14443 TYPE A 和 TYPE B 标准。ISO/IEC 14443 标准是国际标准化组织（International Organization for Standardization，ISO）和国际电工委员会（International Electrotechnical Commission，IEC）

联合制定的非接触式 IC 卡标准，它定义了与非接触式 IC 卡的通信和数据交换协议。RC522 芯片可以与具有相同射频标准的 RFID 标签、智能卡和读写器进行通信。

（2）支持 MIFARE 卡：RC522 芯片具有与 MIFARE 卡兼容的能力。MIFARE 是一种常见的非接触式智能卡技术。

（3）高集成度：RC522 芯片集成了射频前端、调制解调器、编解码器和外部接口等功能模块，使其具备较高的集成度。

（4）SPI：RC522 芯片通过 SPI 与主控制器通信，支持快速数据传输和控制。

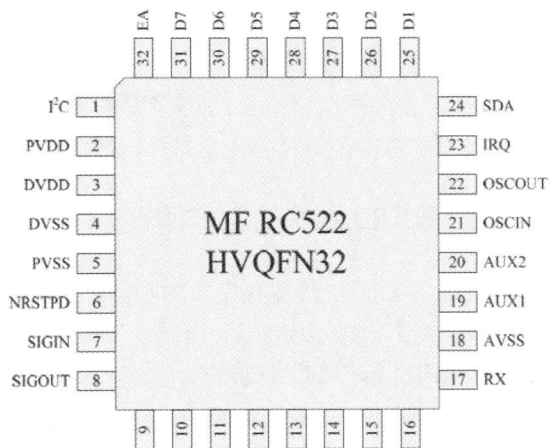

图 4-2　RC522 芯片引脚

（5）数据存储：RC522 芯片内部集成了电擦除可编程只读存储器（Electrically-Erasable Programmable Read-Only Memory，EEPROM），可以存储一些重要的配置信息和数据。

（6）多种工作模式：RC522 芯片支持主动模式和被动模式。在主动模式下，RC522 芯片作为读写器主动发起通信；在被动模式下，RC522 芯片等待外部读写器的指令并进行相应的操作。

通过与主控制器连接，开发人员可以使用适当的软件库和编程接口来控制 RC522 芯片，实现读取和写入 RFID 标签、智能卡等功能。

三、RFID 系统组成

RFID 系统通常由以下 5 个部分组成。

1. RFID 标签

RFID 标签（Tag）是一个包含射频芯片和天线的装置，用于存储和传输数据。RFID 标签可以是被动式、半主动式或主动式的，具体类型取决于其供电方式和通信能力。RFID 标签中的射频芯片能够与读写器进行通信，并传输存储在标签内的数据。

2. 读写器

读写器（Reader）是用于与 RFID 标签进行通信的设备，包括射频模块、天线和处理器。读写器通过射频模块与 RFID 标签进行通信，可以读取 RFID 标签中存储的数据，也可以写入数据到 RFID 标签中。读写器负责供电和控制 RFID 标签的通信过程。智能门禁系统中的 RFID 读卡器就是一种常见的读写器。

3. 天线

RFID 系统中的天线（Antenna）用于发送和接收射频信号。天线通过电磁感应原理与 RFID 标签进行通信。天线的设计和性能直接影响 RFID 系统的通信距离和稳定性。

4. 控制器

RFID 系统中的控制器（Controller）用于管理和控制读写器的操作。控制器可以是一个单独的电子设备，也可以是嵌入其他设备中的芯片。控制器负责与读写器进行数据交互、处理标签数据和执行相应的操作。

5. 数据库和应用软件

RFID 系统通常由数据库和应用软件集成。数据库用于存储和管理标签数据；应用软件用于处理和分析数据，实现特定的业务功能，例如，应用软件可以用于库存管理、物流追踪、门禁控制等应用。

四、RFID 系统的工作原理

RFID 系统通过传输和接收射频信号来实现数据的读取和识别，其工作原理主要涉及 RFID 标签、读写器和天线之间的相互作用。

1. RFID 标签的工作原理

（1）RFID 标签供电：被动式标签通过读写器发送的射频信号进行供电，无须内置电池供电，半主动式和主动式标签则由内置电池供电。

（2）射频通信：当读写器发送射频信号时，RFID 标签中的天线接收射频信号并将其转换为电能，以供给 RFID 标签中的 RC522 芯片。RC522 芯片解码接收的射频信号，并将 RFID 标签内存储的数据进行编码和调制后通过天线回传给读写器。

（3）数据交互：读写器接收 RFID 标签回传的数据并进行解码，从中获取所需的信息。

2. 读写器的工作原理

（1）发送射频信号：读写器通过其内部的射频模块产生一定频率和功率的射频信号，并将这些信号发送到附近的 RFID 标签。

（2）接收射频标签回传的射频信号：读写器的天线接收 RFID 标签回传的射频信号，并将这些信号经过放大和滤波后传递到读写器的射频模块。

（3）解码和处理数据：读写器的射频模块对接收的射频信号进行解码和处理，将其转化为可读的数据。读写器通过与其他系统或应用连接，将数据传递给上层系统或应用来进行处理或执行相应的操作。

3. 天线的工作原理

（1）发送射频信号：读写器的天线将射频信号发送到附近的 RFID 标签。

（2）接收 RFID 标签回传的射频信号：RFID 标签的天线用于接收读写器天线发送的射频信号。RFID 标签的天线接收射频信号后，将其转换为电能供给 RFID 标签内的电路。

通过 RFID 标签、读写器和天线之间的相互作用，RFID 系统可以实现无线数据传输和识别。RFID 系统在许多领域中广泛应用，如物流追踪、库存管理、智能交通、门禁控制等。

五、非接触式 IC 卡

非接触式 IC 卡（Contactless IC Card）是一种集成电路卡片，可以通过无线射频信号与读写器进行通信和数据交换，无须物理接触。非接触式 IC 卡采用 RFID 技术，通常基于 ISO/IEC 14443 标准。

1. 非接触式 IC 卡的工作原理

非接触式 IC 卡通过内部集成的射频芯片和天线与读写器进行无线通信。射频芯片可以接收读写器发送的射频信号并将其转换为电能供电，同时将存储在卡片中的数据编码和调制后通过射频信号传输给读写器。

2. 非接触式 IC 卡的特点

（1）无须物理接触

与传统的接触式 IC 卡（例如智能芯片卡）相比，非接触式 IC 卡无须与读写器物理接触。用户只需将非接触式 IC 卡靠近读写器的感应区域，射频信号就可以穿过卡片的塑料外壳进行通信，为用户提供更方便和快速的操作方式。

（2）安全性高

非接触式 IC 卡通常采用加密算法和安全协议来保护存储在卡片中的敏感数据。这些安全机制可以防止未经授权的用户读取和篡改数据，提供了较高的安全性。

（3）应用领域广

非接触式 IC 卡广泛应用于各个领域，如门禁系统、公共交通票务、支付系统、身份验证、车辆访问控制等。非接触式 IC 卡可以存储个人身份信息、金融账户数据、票务信息等，并通过与读写器交互来实现相应的功能。

需要注意的是，非接触式 IC 卡与读写器之间的通信距离通常受到天线和射频功率的限制。一般情况下通信距离较短，要求卡片靠近读写器进行通信，以确保有效的信号传输和数据交换。

3. 非接触式 IC 卡的分类

非接触式 IC 卡根据不同的标准和应用需求分为多种类型。常见的非接触式 IC 卡如下。

（1）MIFARE 系列的非接触式 IC 卡

MIFARE 是一种非接触式 IC 卡，包括 MIFARE Classic、MIFARE Plus、MIFARE DESFire 等类型的卡片，它们具有不同的存储容量、安全级别和功能。MIFARE 广泛应用于门禁系统、公共交通票务系统、支付系统等。

（2）基于 ISO/IEC 14443 标准的非接触式 IC 卡

基于 ISO/IEC 14443 标准的非接触式 IC 卡目前有不同的卡片类型，如 TYPE A 和 TYPE B 等。这些卡片通常用于公共交通票务、身份验证、门禁系统等。

非接触式 IC 卡（MIFARE 系列）的主要指标如下。

- 容量为 8kB 的 EEPROM。
- 分为 16 个扇区，每个扇区分为 4 块，每块有 16 字节，以"块"为存取单位。
- 每个扇区有独立的一组密码及存取控制。
- 每张卡有唯一序列号，为 32 位。
- 具有防冲突机制，支持多卡操作。
- 无电源，自带天线，内含加密控制逻辑和通信逻辑电路。
- 数据保存期为 10 年，可改写 10 万次，读无限次。
- 工作温度：-20℃~50℃（湿度为 90%）。
- 工作频率：13.56MHz。
- 读写距离：10cm 以内（与读写器有关）。

六、M1 的存储结构

非接触式 IC 卡 M1（MIFARE Classic 1K）是 MIFARE 系列的一种，1K 表示该卡片的内存容量为 1 千字节。

M1 卡分为 16 个扇区，每个扇区由 4 块（块 0、块 1、块 2、块 3）组成，16 个扇区的 64 块的绝对地址编号范围为 0~63，存储结构如表 4-1 所示。

表 4-1　存储结构

扇区	块	类别	块内容	块号
扇区 0	块 0		数据块	0
	块 1		数据块	1
	块 2		数据块	2
	块 3	密码 A　存取控制　密码 B	控制块	3
扇区 1	块 0		数据块	4
	块 1		数据块	5
	块 2		数据块	6
	块 3	密码 A　存取控制　密码 B	控制块	7
⋮				
扇区 15	块 0		数据块	60
	块 1		数据块	61
	块 2		数据块	62
	块 3	密码 A　存取控制　密码 B	控制块	63

（1）扇区 0 的块 0（即绝对地址 0 块）用于存放厂商代码，已经固化，不可更改。

（2）每个扇区的块 0、块 1、块 2 为数据块，可用于存储数据。数据块有两种应用。

① 用作一般的数据保存，可以进行读、写操作。

② 用作存储数据值，可以进行初始化值、加值、减值、读值操作。

（3）每个扇区的块 3 为控制块，包括密码 A、存取控制、密码 B，具体结构如下。

```
A0 A1 A2 A3 A4 A5        FF 07 80 69          B0 B1 B2 B3 B4 B5
密码 A（6 字节）          存取控制（4 字节）     密码 B（6 字节）
```

（4）每个扇区的密码和存取控制都是独立的，可以根据实际需要设定各自的密码及存取控制。存取控制为 4 字节，共 32 位，扇区中的每个块（包括数据块和控制块）的存取条件是由密码和存取控制共同决定的，每个块的存取控制都有相应的 3 个控制位，定义如下。

块 0：C10　C20　C30
块 1：C11　C21　C31
块 2：C12　C22　C32
块 3：C13　C23　C33

3 个控制位以正和反两种形式存在于存取控制字节中，决定了该块的访问权限（如进行减值操作必须验证 KEY A，进行加值操作必须验证 KEY B 等）。以块 0 为例，3 个控制位在存取控制字节中的位置如表 4-2 所示。

表 4-2　对块 0 的控制

bit	7	6	5	4	3	2	1	0
字节第 6 位				C20_b				C10_b
字节第 7 位				C10				C30_b
字节第 8 位				C30				C20
字节第 9 位								

注：_b 表示取反。

完整的存取控制（字节第 9 位为备用字节）结构如表 4-3 所示。

表 4-3　完整的存取控制结构

bit	7	6	5	4	3	2	1	0
字节第 6 位	C23_b	C22_b	C21_b	C20_b	C13_b	C12_b	C11_b	C10_b
字节第 7 位	C13	C12	C11	C10	C33_b	C32_b	C31_b	C30_b
字节第 8 位	C33	C32	C31	C30	C23	C22	C21	C20
字节第 9 位								

注：_b 表示取反。

（5）数据块（块 0、块 1、块 2）的存取控制如表 4-4 所示。

表 4-4　数据块的存取控制

控制位（X=0、1、2）			访问条件（对块 0、块 1、块 2）			
C1X	C2X	C3X	读取	写入	递增	递减、传输、恢复
0	0	0	KeyA|B	KeyA|B	KeyA|B	KeyA|B
0	1	0	KeyA|B	Never	Never	Never
1	0	0	KeyA|B	KeyB	Never	Never
1	1	0	KeyA|B	KeyB	KeyB	KeyA|B
0	0	1	KeyA|B	Never	Never	KeyA|B
0	1	1	KeyB	KeyB	Never	Never
1	0	1	KeyB	Never	Never	Never
1	1	1	Never	Never	Never	Never

注：KeyA\|B 表示密码 A 或密码 B，Never 表示任何条件下都不能实现。

例如，当块 0 的存取控制位 C10 C20 C30 为 1 0 0 时，验证密码 A 或密码 B 正确后可读；验证密码 B 正确后可写；不能进行加值、减值操作。

（6）控制块（块3）的存取控制与数据块不同，其存取控制如表4-5所示。

表4-5　控制块的存取控制

控制位			密码A		存取控制		密码B	
C13	C23	C33	读取	写入	读取	写入	读取	写入
0	0	0	Never	KeyA|B	KeyA|B	Never	KeyA|B	KeyA|B
0	1	0	Never	Never	KeyA|B	Never	KeyA|B	Never
1	0	0	Never	KeyB	KeyA|B	Never	Never	KeyB
1	1	0	Never	Never	KeyA|B	Never	Never	Never
0	0	1	Never	KeyA|B	KeyA|B	KeyA|B	KeyA|B	KeyA|B
0	1	1	Never	KeyB	KeyA|B	KeyB	Never	KeyB
1	0	1	Never	Never	KeyA|B	KeyB	Never	Never
1	1	1	Never	Never	KeyA|B	Never	Never	Never

例如，当块3的存取控制位C13 C23 C33为100时，表示如下。

密码A：不可读，验证KeyB正确后，可写（更改）。

存取控制：验证KeyA或KeyB正确后，可读，不可写。

密码B：不可读，验证KeyB正确后，可写。

【技能训练】

根据前面的分析，从物联网实训套件中找出本任务所需的硬件设备，硬件设备清单如表4-6所示。

表4-6　硬件设备清单

序号	设备名称
1	Arduino Mega2560 开发板
2	RFID RC522 读写器和 RFID 标签
3	已安装 Mind+软件的计算机

活动一　组装设备

一、梳理设备控制的逻辑关系

本任务中，Arduino Mega2560 开发板发送读取指令，RFID RC522 读写器收到指令后读取 RFID 标签数据，将数据结果返回给 Arduino Mega2560 开发板。智能门禁系统的设备控制逻辑关系如图4-3所示。

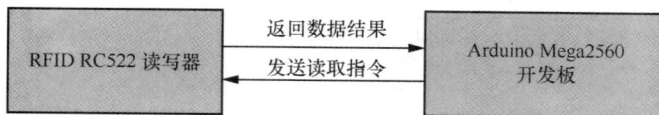

图4-3　智能门禁系统的设备控制逻辑关系

二、组装硬件设备

仔细观察各硬件设备的引脚标志，明确各标志的含义。按如下步骤进行硬件设备的组装。

RFID RC522 模块通过 SPI 与 Arduino 模块通信，选用的 Arduino Mega2560 开发板上 SPI 引脚位置分别为 MOSI-51 引脚、MISO-50 引脚、SCK-52 引脚、SDA-53 引脚。

（1）将 RFID RC522 的 VCC 引脚接到 Aduino 开发板的 3.3V 或 5V 引脚上。

（2）RFID RC522 的 GND 引脚表示接地引脚，将该引脚与 Arduino 开发板的 GND 引脚相连。

（3）RFID RC522 的 SCK 引脚可以接到 Arduino 开发板的引脚 52 上，作为 SPI 时钟线。

（4）RFID RC522 的 SDA 引脚可以接到 Arduino 开发板的引脚 53 上，作为 SPI 数据线。

（5）RFID RC522 的 MOSI 引脚可以接到 Arduino 开发板的引脚 51 上，作为 SPI 主设备输出/从设备输入线。

（6）RFID RC522 的 MISO 引脚可以接到 Arduino 开发板的引脚 50 上，作为 SPI 主设备输入/从设备输出线。

可根据表 4-7 所示内容进行硬件连接。连接后的效果如图 4-4 所示。

表 4-7　智能门禁系统的设备引脚连接

RFID RC522 模块引脚	Arduino 开发板引脚
VCC	3.3V 或 5V
GND	GND
SCK	52
SDA	53
MOSI	51
MISO	50

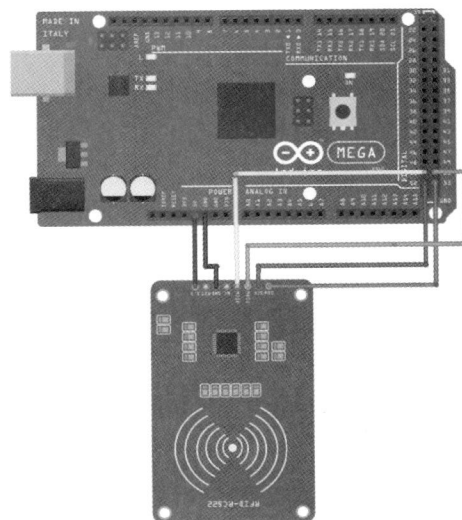

图 4-4　智能门禁系统的设备连接效果

组装设备的注意事项如下。

（1）RFID 连接线应该为红色线接电源正极、黑色线接电源负极，切不可接反。

（2）有些 RFID 模块供电电压为 5V，需要使用电源模块。

（3）连接线上的引脚较尖锐，在操作过程中要注意安全。

活动二　编写图形程序

一、分析程序流程

下面讲解一下本程序的设计思路。智能门禁系统的程序流程图如图 4-5 所示。

（1）RFID RC522 模块初始化，确定 SDA 引脚和 RST 引脚。

（2）设定 RFID 标签值，用于与读取的 RFID 标签值进行比较。

（3）不断读取 RFID 标签值。

（4）判断读取的 RFID 标签值是否与设定的 RFID 标签值相同，不同则输出"开始检测"，相同则输出"OK"。

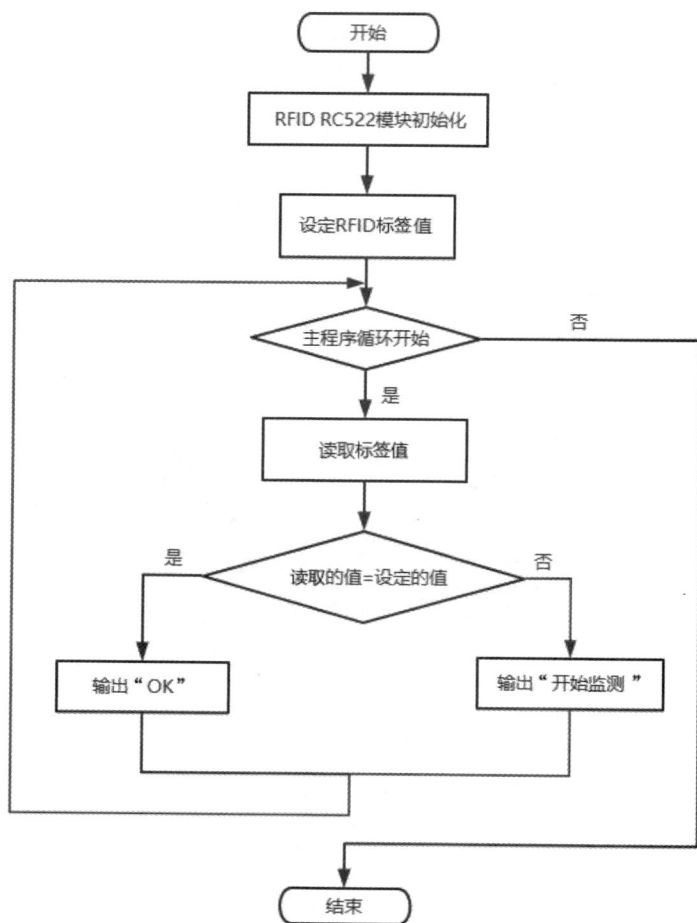

图 4-5　智能门禁系统的程序流程图

二、搭建积木程序

分析完程序的流程后，利用 Mind+软件搭建积木程序。

（1）打开 Mind+软件，在软件界面的左下角单击"拓展"图标，添加 Arduino Mega2560 开发板。在"用户库"中选择"RFID-RC522 模块"（配套资源中提供了此库文件）。

（2）添加设备后就可以进行程序的搭建，具体的操作过程如表 4-8 所示。因为程序中使用的是封装好的库，在调用积木时，开发板上的引脚都已经在积木的库里调用了，不用再配置。

表 4-8　程序搭建的操作过程

步骤	操作描述	操作图例
1	RFID RC522 模块初始化，确定 SDA 引脚和 RST 引脚（RST 引脚使用默认值引脚 4）	
2	设定 RFID 标签值，自行设置 4 个值即可	
3	检测新的标签值，不断读取 RFID 标签值。 通过串口 0，输出字符串"开始检测"	
4	找到"如果"积木，拖入主循环体中。添加"读取与设置标签一致"积木。 通过串口 0，输出字符串"OK"	

按表 4-8 完成操作后，智能门禁系统的程序完整流程如图 4-6 所示。

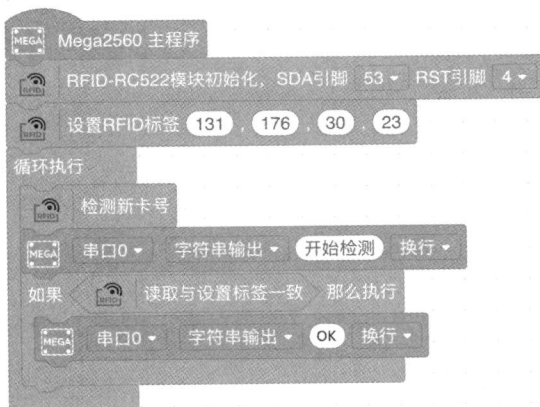

图 4-6　智能门禁系统的程序完整流程

活动三　解读程序代码

一、查看 Mind+软件自动生成的代码

单击 Mind+软件右上角的"代码区"按钮，单击"自动生成"选项卡，如图 4-7 所示，查看 Mind+软件根据主窗口的积木程序框架自动生成的 Arduino C 语言的代码。

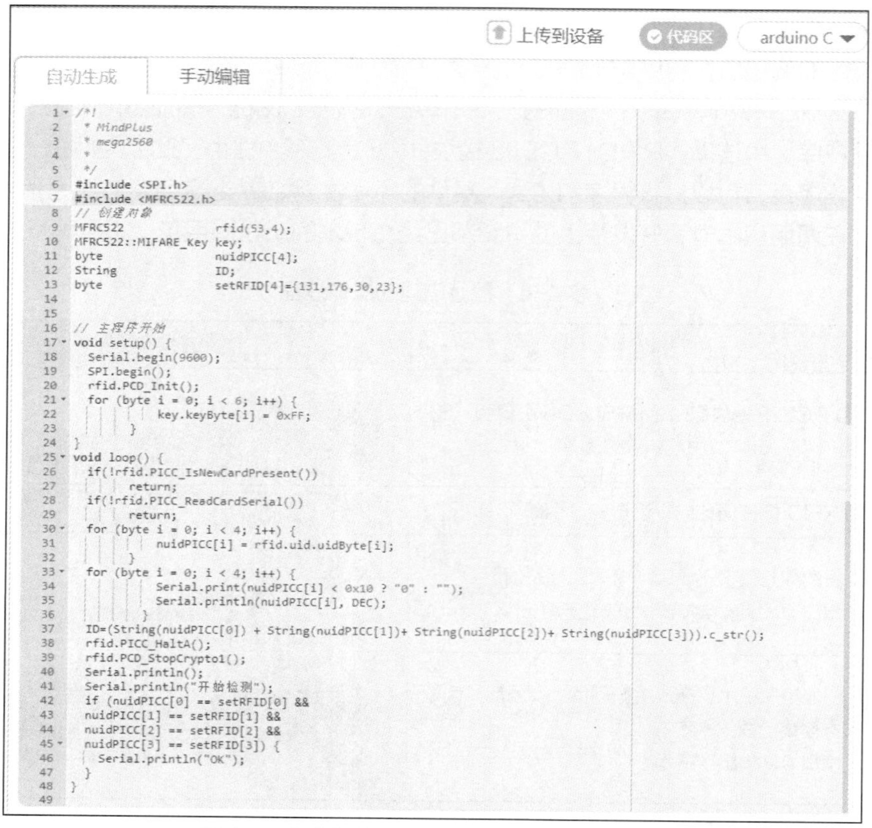

图4-7 智能门禁系统的 Arduino C 语言的代码

二、代码解析

主要代码解析如表 4-9 所示。

表 4-9 主要代码解析

代码	含义
#include <SPI.h> #include <MFRC522.h>	调用 RFID RC522 库文件
MFRC522　rfid(53,4);	定义 RFID RC522 对象引脚
MFRC522::MIFARE_Key key; byte　　　　nuidPICC[4];	定义 RFID RC522 字节类型
byte　　　　setRFID[4]={131,176,30,23};	设置 RFID RC522 标签初始值，自行设置 4 个值即可

void setup() {
　　Serial.begin(9600);
　　SPI.begin();
　　rfid.PCD_Init();
　　for (byte i = 0; i < 6; i++) {
　　　key.keyByte[i] = 0xFF;
　　}
}
	设定串口通信传输速率，SPI 时钟同步，RFID 标签开始接收数据

void loop() {	程序开始循环执行

续表

代码	含义
if(!rfid.PICC_IsNewCardPresent()) return;	检测是否有 RFID RC522 标签
if(!rfid.PICC_ReadCardSerial()) return;	检测是否有 RFID RC522 标签数据
for (byte i = 0; i < 4; i++) {nuidPICC[i] = rfid.uid.uidByte[i];}	将 RFID RC522 标签数据赋值给 nuidPICC

for (byte i = 0; i < 4; i++)
        {Serial.print(nuidPICC[i] < 0x10 ? "0" : "");
        Serial.println(nuidPICC[i], DEC);}
	通过串口将 nuidPICC 值输出

rfid.PICC_HaltA(); rfid.PCD_StopCrypto1();	暂停 RFID RC522 标签，因标签读取速度快，需暂停 1 次再进行数据读取
Serial.println(); Serial.println("开始检测");	提示开始检测

if (nuidPICC[0] == setRFID[0] &&
nuidPICC[1] == setRFID[1] &&
nuidPICC[2] == setRFID[2] &&
nuidPICC[3] == setRFID[3]) {
    Serial.println("OK");}
	判断读取值是否与设定的初始值相同，如相同，则输出"OK"

活动四　上传与调试程序

编写完程序后，要进行程序的上传与调试，具体操作步骤如下。

一、连接设备

使用 USB 连接线将 Arduino Mega2560 开发板连接到计算机上，并在 Mind+软件中单击"连接设备"菜单，对开发板进行连接。

二、上传程序

在 Mind+软件中单击右上角的"上传到设备"按钮，完成程序的上传。

三、检查运行效果

运行程序后，在串口调试窗口中看到提示"开始检测"后，使用 RFID 门禁卡在读写器上刷一下，若刷的门禁卡 ID 与程序中设置的 ID 相同，则串口调试窗口中会输出"OK"，如图 4-8 所示。

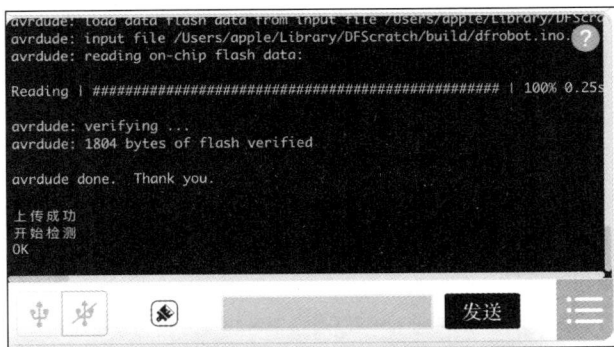

图 4-8　读取 RFID 标签

【任务评价】

学生在完成本任务的学习后，教师可以根据学生的综合表现给出评分。任务评价表如表 4-10 所示。

表 4-10　任务评价表

序号	主要内容	评价标准	分值/分	得分/分
1	RFID 标签的分类及工作原理	能正确说出 RFID 标签的分类及工作原理	10	
2	RFID 模块识别	能快速、准确地从物联网实训套件中找出 RFID 模块	10	
3	RFID 模块引脚的识别	能准确说出 RFID 模块引脚标志的含义	10	
4	RFID 模块组装	能根据设备连接图快速组装电路	10	
5	RFID 模块调试	能根据需求，正确搭建和配置 Mind+软件	10	
		能使用 Mind+软件，利用积木程序正确编写功能程序	10	
		能正确运行程序，使运行结果与功能需求一致	10	
6	职业素养	实验中，操作要安全、规范。完成实验后，应将相关元件、模块等收纳整齐，保持实验桌面干净、整洁	10	
7	学习态度	能主动参与课堂讨论和实践活动，积极寻求解决问题的方法	10	
		能按时完成学习及工作任务	10	
	总计		100	

【拓展学习】

智能门禁系统中常用的身份识别技术简介

智能门禁系统是通过现代技术和设备实现对门禁进行智能化管理和控制的系统，包括门禁设备、门禁管理软件和门禁控制器等多个组成部分。常用的身份识别技术有人脸识别、指纹识别、声音识别、身份证识别和射频卡识别等。智能门禁系统的应用前景非常广阔，包括多模态识别技术的应用以及云计算和大数据技术的应用。

人脸识别技术是利用摄像头获取人脸图像，通过图像处理技术对人脸进行识别，判断其是否有权限开门。人脸识别技术的优点是非接触式、使用方便、识别速度快、准确率高、不易被冒用；缺点是对光线、角度、面部表情等要求较高，会受到环境因素干扰，存在一定的误识别率。

指纹识别技术通过传感器采集指纹图像，利用指纹识别算法对指纹进行比对，判断其是否有权限开门。指纹识别技术的优点是具有唯一性和稳定性、不易被冒用、使用方便、识别速度快、准确率高；缺点是手指受伤、污染等因素会影响指纹采集，指纹图像质量不佳时会造成误识别。

声音识别技术通过麦克风采集人的声音，对声音信号进行处理和分析，判断其是否有权限开门。声音识别技术的优点是无须接触、使用方便、不易被冒用、具有较高的识别准确率；缺点是会受到噪声等环境因素的干扰，以及感情、语速等因素的影响。

身份证识别技术通过读卡器读取身份证中的信息，对比数据库中的信息，判断其是否有权限开门。身份证识别技术的优点是具有唯一性和权威性、识别准确率高；缺点是需要接触式读取，要求用户携带身份证，不太方便，易被冒用。

射频卡识别技术通过读卡器读取射频卡中的信息，对比数据库中的信息，判断其是否有权限开门。射频卡识别技术的优点是使用方便、非接触式、读卡速度快、不易被冒用。

总的来说，智能门禁系统在提高门禁管理的安全性和效率方面发挥了重要作用，未来的发展前景广阔。随着技术的不断进步和创新，智能门禁系统的应用范围将越来越广泛，智能化程度将不断提高，为人们的生活带来更多的便利和安全保障。

【思考与练习】

1. RFID 标签能读取标签数据，其工作原理是什么？
2. 小区门禁（楼栋门禁）系统为何大多数为高频，其他频率能用于门禁系统吗？
3. 低频卡和超高频卡适合在什么门禁系统中使用？
4. 如果将 RC522 模块换成 NFC 模块，智能门禁系统该如何实现功能？

任务二　智能绿化养护系统的安装与调试

【学习目标】

1. 了解 pH 值传感器、土壤湿度传感器的工作原理。
2. 了解 pH 值传感器、土壤湿度传感器的引脚定义及接线方法。
3. 能正确连接温湿度传感器、pH 值传感器、土壤湿度传感器、光敏传感器等硬件设备。
4. 能正确连接 OLED 显示屏模块，获取温度、pH 值、光照强度、土壤湿度等数据，并将数据显示在 OLED 显示屏上。
5. 培养生态可持续意识。

【任务情景】

智能绿化养护系统是智慧社区不可或缺的一部分，可以自动灌溉植物，包括草坪、树木、名贵花卉等，还可以自动对植物进行养护，大大地解放劳动力。

在本任务中，使用能检测环境温度、pH 值、光照强度、土壤湿度等的传感器设计并制作一个小型智能绿化养护系统。

【任务分析】

要了解环境的温度、pH 值、光照强度、土壤湿度等参数，才能为不同的绿植定制个性化的养护需求，实现智能绿化养护。

本任务可以使用温湿度传感器、pH 值传感器、土壤湿度传感器、光敏传感器等搭建智能绿化养护系统。由于实验场地受限，本任务使用物联网实训套件来制作一个小型验证机，模拟实现智能绿化养护。

【相关知识】

一、pH 值传感器

pH 值是指溶液中氢离子的浓度，通常用于评估溶液的酸碱度。pH 值传感器是一种用于测量溶液中氢离子浓度的传感器。

pH 值传感器通过测量溶液中的电位来确定溶液的 pH 值。pH 值传感器由玻璃电极和参比电极两个部分组成。其中，玻璃电极是一个非常薄的玻璃膜，其表面涂有一层导电材料。当玻璃电极接触到溶液时，电极表面的导电材料会吸附溶解的氢离子，形成电荷，这个电荷可以通过电路进行测量，从而确定溶液的 pH 值。

pH 值传感器通常可以测量的 pH 值范围为 0 ~ 14。当 pH 值为 7 时，溶液为中性；当 pH 值小于7 时，溶液为酸性；当 pH 值大于 7 时，溶液为碱性。

pH 值传感器广泛应用于环境监测、水质检测、食品加工等领域。在化学生产中，pH 值传感器也可以用来检测反应物的酸碱度，从而控制反应的进程和产物的质量。pH 值传感器如图 4-9 所示。pH 值传感器扩展有 DS18B20 温度传感器接口，方便进行软件温度补偿。

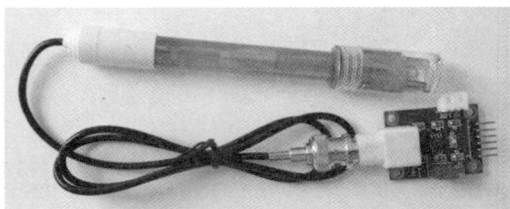

图 4-9　pH 值传感器

pH 值传感器在使用时需进行校准，本任务暂不做要求。

二、土壤湿度传感器

土壤湿度传感器是一种用于测量土壤中水分含量的传感器。土壤湿度传感器如图 4-10 所示。

土壤湿度传感器的工作基于电导率或电容原理。以下是两种常见的土壤湿度传感器。

1. 电导率传感器

电导率传感器使用两个或多个电极将电流通过土壤传导，从而测量土壤的电导率。水分含量高的土壤具有较高的电导率，而干燥的土壤具有较低的电导率。通过测量电导率的变化，可以推测土壤湿度。

2. 电容传感器

电容传感器通过测量土壤与电极之间的电容来估计土壤湿度。

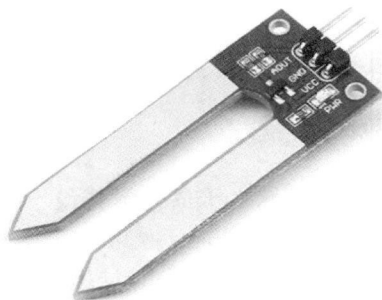

图 4-10　土壤湿度传感器

土壤的介电常数与其含水量成正比，通过测量土壤与电极之间的电容变化，可以推测土壤湿度的变化。

土壤湿度传感器可用于各种领域，例如农业生产、环境监测等。在农业生产中，土壤湿度传感器可以帮助农民确定何时浇水和施肥，以促进农作物健康生长、保证产量；在环境监测中，土壤湿度传感器可以用于检测地下水位和水文循环等。

三、面包板

在物联网开发中，面包板因其灵活性和易用性而经常被使用。面包板的结构简单而巧妙，它由一排排的小孔组成，每个小孔下面都隐藏着铜制的导电条，它们在垂直方向上相互连接，在水平方向上则保持独立。面包板的两侧通常设有专门的电源轨，这为电路的供电提供了极大的便利。

使用面包板的好处是显而易见的，它允许工程师们快速地搭建和修改电路，不需要焊接，这不仅节省了时间，也降低了成本。在物联网项目的早期阶段，工程师们常常需要尝试不同的元件组合，面包板的灵活性在这里就显得尤为重要。它允许工程师们像搭积木一样，轻松地移动或重新配置元件，直到找到最佳的解决方案。

【技能训练】

根据前面的分析，从物联网实训套件中找出本任务所需的硬件设备，硬件设备清单如表 4-11 所示。

表 4-11　智能绿化养护系统的硬件设备清单

序号	设备名称
1	Arduino Mega2560 开发板
2	温湿度传感器
3	pH 值传感器
4	土壤湿度传感器
5	光敏传感器
6	电机驱动模块
7	微型 130 小电机
8	4 叶小风扇叶片
9	OLED 显示屏
10	面包板
11	已安装 Mind+软件的计算机

活动一　组装设备

一、梳理设备控制的逻辑关系

本任务中，通过温湿度传感器、pH 值传感器、土壤湿度传感器、光敏传感器采集数据，并通过 OLED 显示屏将数据显示出来，同时根据获取的土壤湿度控制电机运行状态。智能绿化养护系统的设备控制逻辑关系如图 4-11 所示。

二、组装硬件设备

按如下步骤进行硬件设备的组装。

（1）将温湿度传感器的 VCC 引脚、光敏传感器的 VCC 引脚、pH 值传感器的 VCC 引脚、OLED 显示屏的 VCC 引脚、土壤湿度传感器的 V 引脚、电机驱动模块的+引脚、Arduino 开发板的 5V 引脚都接在供电接口上。

（2）将温湿度传感器的 GND 引脚、光敏传感器的 GND 引脚、pH 值传感器的 GND 引脚、OLED 显示屏的 GND 引脚、土壤湿度传感器的 G 引脚、电机驱动模块的-引脚、Arduino 开发板的 GND 引脚都接在接地接口上。

（3）温湿度传感器的 OUT 引脚可以接到 Arduino 开发板的引脚 22 上。

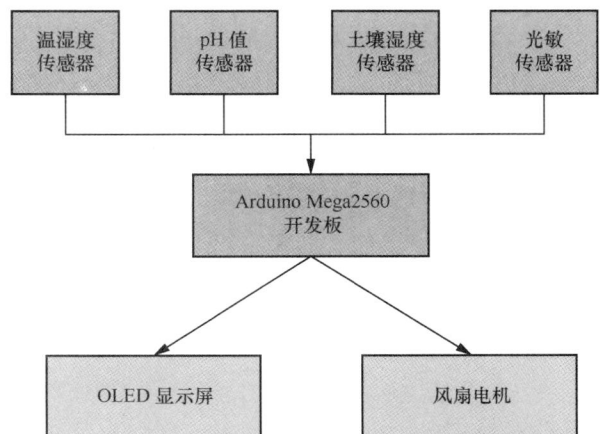

图 4-11　智能绿化养护系统的设备控制逻辑关系

（4）光敏传感器的 OUT 引脚可以接到 Arduino 开发板的 A0 引脚上。

（5）pH 值传感器的 T 引脚可以接到 Arduino 开发板的 A1 引脚上。

（6）土壤湿度传感器的 S 引脚可以接到 Arduino 开发板的 A2 引脚上。

（7）OLED 显示屏的 SCK 引脚可以接到 Arduino 开发板的引脚 21 上。

（8）OLED 显示屏的 SDA 引脚可以接到 Arduino 开发板的引脚 20 上。

（9）电机驱动模块的 IN1 引脚可以接到 Arduino 开发板的引脚 23 上。

可根据表 4-12 所示内容进行硬件连接。连接后的效果如图 4-12 所示。

表 4-12　智能绿化养护系统的设备引脚连接

温湿度传感器引脚	光敏传感器引脚	pH 值传感器引脚	OLED 显示屏引脚	土壤湿度传感器引脚	电机驱动模块引脚	Arduino 开发板引脚
VCC	VCC	VCC	VCC	V	+	5V
GND	GND	GND	GND	G	−	GND
OUT						22
	OUT					A0
		T				A1
				S		A2
			SCK			21
			SDA			20
					IN1	23

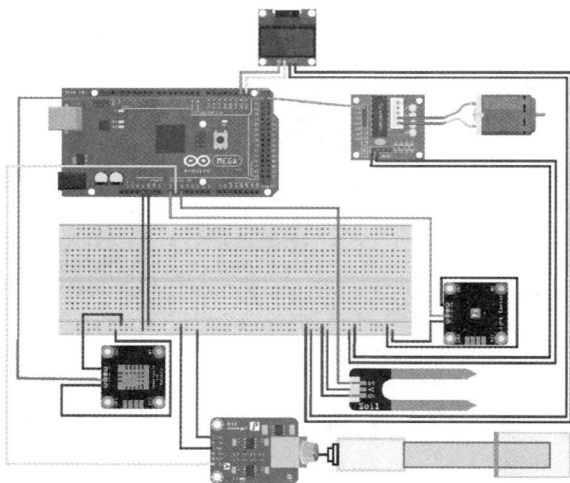

图 4-12　智能绿化养护系统的设备接线效果

设备组装的注意事项如下。

（1）温湿度传感器的 VCC 引脚、光敏传感器的 VCC 引脚、pH 值传感器的 VCC 引脚、OLED 显示屏的 VCC 引脚、土壤湿度传感器的 V 引脚、电机驱动模块的+引脚、Arduino 开发板的 5V 引脚都接在供电接口上，可以通过面包板实现并联。

（2）电机驱动模块需要 5V 电源模块。

（3）连接线上的引脚较尖锐，在操作过程中要注意安全。

活动二　编写图形程序

在活动一中，我们已经学习了如何进行硬件电路的连接。但是仅有硬件电路的连接仍不能实现本任务要求的功能，还需要对控制器进行软件程序的编写。

一、分析程序流程

下面讲解本程序的设计思路。智能绿化养护系统的程序流程图如图 4-13 所示。

（1）OLED 显示屏模块初始化。

（2）在循环中获取光照强度、pH 值、土壤湿度、温度。

（3）在 OLED 显示屏第 1 行显示光照强度。

（4）在 OLED 显示屏第 2 行显示 pH 值。

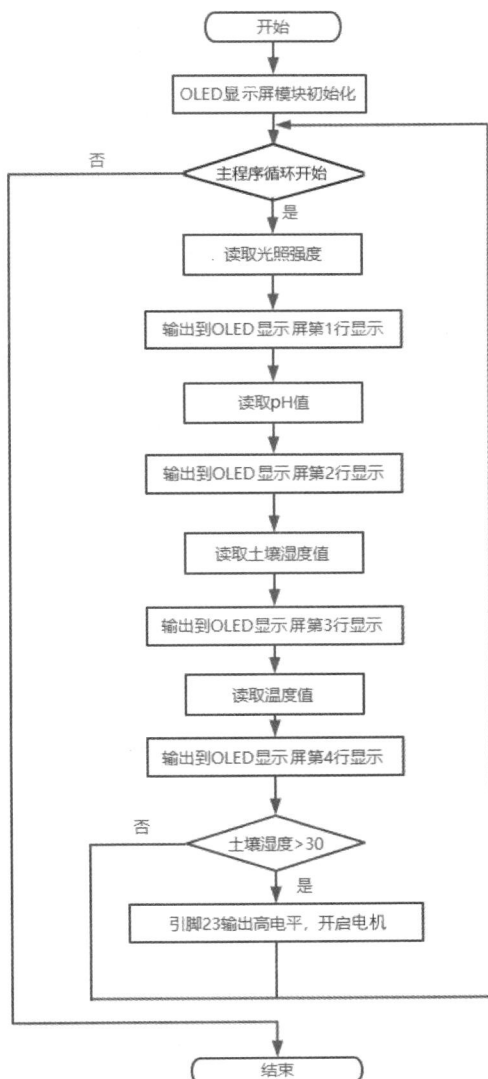

图 4-13　智能绿化养护系统的程序流程图

（5）在 OLED 显示屏第 3 行显示土壤湿度。

（6）在 OLED 显示屏第 4 行显示温度。

（7）判断土壤湿度是否大于 30%，若大于 30%，则引脚 23 输出高电平，开启电机。

二、搭建积木程序

分析完程序的流程后，利用 Mind+软件搭建积木程序。

（1）打开 Mind+软件，在软件界面的左下角单击"拓展"图标，添加 Arduino Mega2560 开发板。传感器选择"DHT11/22 温湿度传感器""模拟 pH 计""土壤湿度传感器"，显示器选择"OLED-12864 显示屏"。

（2）添加开发板及其他设备后就可以进行程序的搭建，具体的操作过程如表 4-13 所示。

表 4-13　程序搭建的操作过程

步骤	操作描述	操作图例
1	OLED 显示屏模块初始化，确定 IIC 地址	
2	在 OLED 显示屏模块第 1 行显示光照强度（光照强度引脚为 A0）。在 OLED 显示屏模块第 2 行显示 pH 值（pH 值引脚为 A1）。在 OLED 显示屏模块第 3 行显示土壤湿度（土壤湿度模块引脚为 A2）。在 OLED 显示屏模块第 4 行显示温度（温度引脚为 22）	
3	找到"如果"积木，将其拖入主循环体中。在"如果"中设置条件，土壤湿度（引脚为 A2）大于 30%时，电机开启（引脚 23 设置为高电平）	

按表 4-13 完成操作后，智能绿化养护系统的程序完整流程如图 4-14 所示。

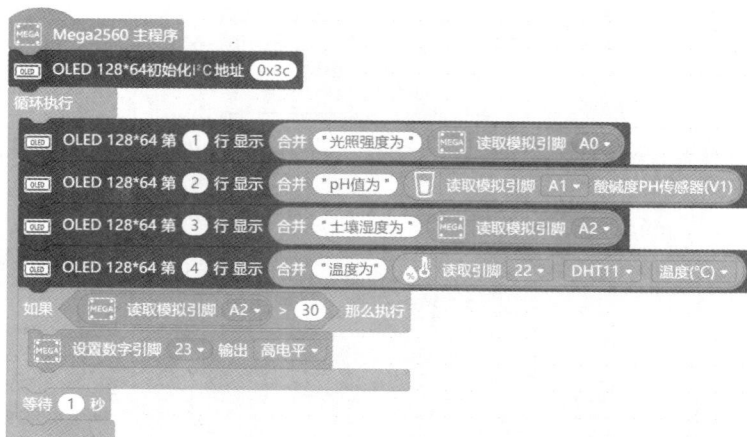

图 4-14　智能绿化养护系统的程序完整流程

活动三　解读程序代码

一、查看 Mind+软件自动生成的代码

（1）单击 Mind+软件右上角的"代码区"按钮。

（2）单击"自动生成"选项卡，如图 4-15 所示，就能查看 Mind+软件根据主窗口的积木程序框架自动生成的 Arduino C 语言的代码。

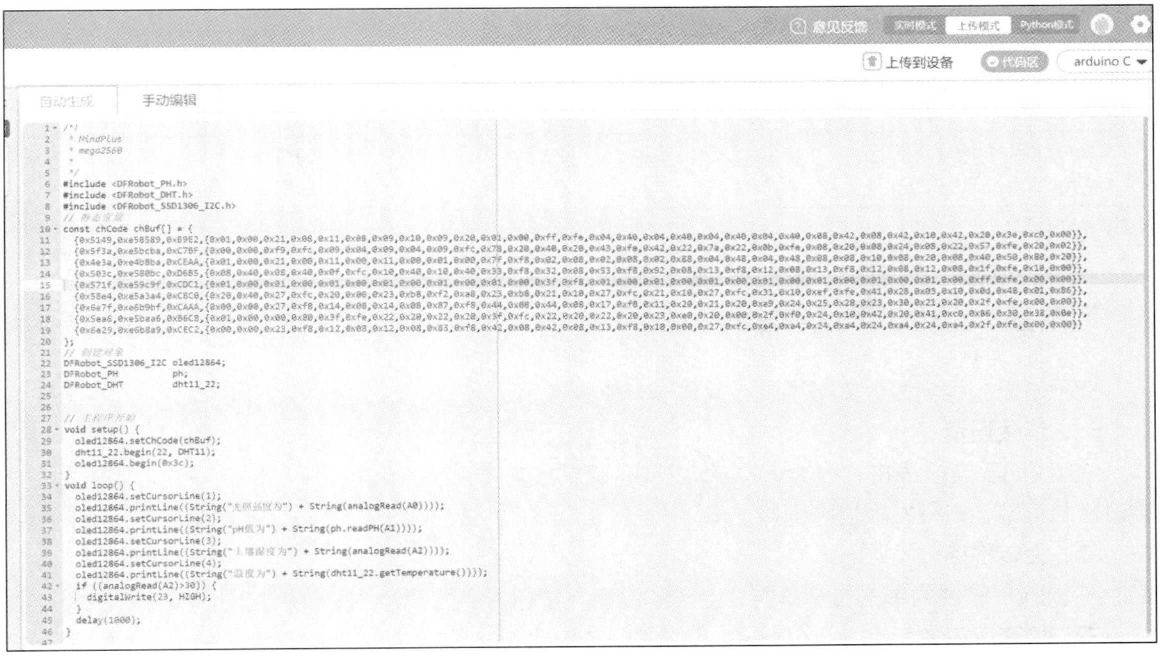

图 4-15　智能绿化养护系统的 Arduino C 语言的代码

二、代码解析

主要代码解析如表 4-14 所示。

表 4-14　主要代码解析

代码	含义
#include <DFRobot_PH.h> #include <DFRobot_DHT.h> #include <DFRobot_SSD1306_I2C.h>	调用 pH 库文件。 调用 DHT 温湿度传感器库文件。 调用显示屏库文件
const chCode chBuf[] = { 　{0x5149,0xe58589,0xB9E2,{0x01,0x00,0x21,0x08,0x11,0x08,0x09,0x10, 0x09,0x20,0x01,0x00,0xff,0xfe,0x04,0x40,0x04,0x40,0x04,0x40,0x04,0x40, 0x08,0x42,0x08,0x42,0x10,0x42,0x20,0x3e,0xc0,0x00}}, 　...};	OLED 显示屏模块初始化

代码	含义
void loop() {	循环执行程序
oled12864.setCursorLine(1); oled12864.printLine((String("光照强度为") + String(analogRead(A0))));	OLED 显示屏第 1 行显示光照强度为引脚 A0 的数据
oled12864.setCursorLine(2); oled12864.printLine((String("pH 值为") + String(ph.readPH(A1))));	OLED 显示屏第 2 行显示 pH 值为引脚 A1 的数据
oled12864.setCursorLine(3); oled12864.printLine((String("土壤湿度为") + String(analogRead(A2))));	OLED 显示屏第 3 行显示土壤湿度为引脚 A2 的数据
oled12864.setCursorLine(4); oled12864.printLine((String("温度为") + String(dht11_22.getTemperature())));	OLED 显示屏第 4 行显示温度为引脚 22 的数据
if ((analogRead(A2)>30)) { digitalWrite(23, HIGH);}	如果土壤湿度大于 30%，开启引脚 23，电机启动
delay(1000);	等待 1s

活动四　上传与调试程序

接下来进行程序的上传与调试，具体操作步骤如下。

一、连接设备

使用 USB 连接线将 Arduino Mega2560 开发板连接到计算机上，并在 Mind+软件中单击"连接设备"菜单，对开发板进行连接。

二、上传程序

在 Mind+软件中单击右上角的"上传到设备"按钮，完成程序的上传。

三、检查运行效果

获取周边环境值，查看程序的变化。智能绿化养护系统的运行效果如图 4-16 所示。由于本任务使用的 OLED 显示屏尺寸较小，运行过程中使用"光强"代替"光照强度"，使用"湿度"代替"土壤湿度"，并且省略了单位。

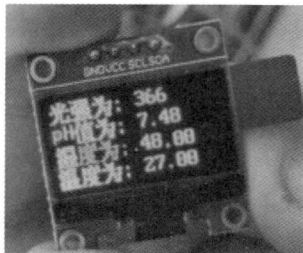

图 4-16　智能绿化养护系统的运行效果

【任务评价】

学生在完成本任务的学习后，教师可以根据学生的综合表现给出评分。任务评价表如表 4-15 所示。

表4-15 任务评价表

序号	主要内容	评价标准	分值/分	得分/分
1	智能绿化养护系统中常用传感器的工作原理	能正确说出 pH 值传感器、土壤湿度传感器的工作原理	10	
2	智能绿化养护系统中常用传感器的识别	能快速、准确地从物联网实训套件中找出温湿度传感器、pH 值传感器、土壤湿度传感器、光敏传感器	10	
3	智能绿化养护系统中常用传感器引脚的识别	能准确说出温湿度传感器、pH 值传感器、土壤湿度传感器、光敏传感器引脚标志的含义	10	
4	智能绿化养护系统的组装	能根据设备连接图快速组装智能绿化养护系统	10	
5	智能绿化养护系统中常用传感器的调试	能根据需求，正确搭建和配置 Mind+软件	10	
		能使用 Mind+软件，利用积木程序正确编写功能程序	10	
		能正确运行程序，使运行结果与功能需求一致	10	
6	职业素养	实验中，操作要安全、规范。完成实验后，应将相关元件、模块等收纳整齐，保持实验桌面干净、整洁	10	
7	学习态度	能主动参与课堂讨论和实践活动，积极寻求解决问题的方法	10	
		能按时完成学习及工作任务	10	
总计			100	

【拓展学习】

智能绿化养护系统

智能绿化养护系统是一种利用现代科技手段，其可以结合物联网、大数据、人工智能等技术，对绿化植物进行自动化、智能化养护管理。它能够实时检测植物的生长环境，自动调节水肥供给，预防病虫害，提高绿化养护效率，降低人工成本。传统农业养护依赖农民经验，耗费人力、物力，而智能绿化养护系统融合物联网、大数据、人工智能等技术，打破了这一困境。田间传感器实时采集土壤湿度、养分、光照等数据，经算法分析，为农作物制定精准养护方案，实现从"靠天吃饭"到"知天而作"的转变。

在农村绿化美化领域，以某乡村为例，过去绿化景观缺乏有效养护，如今通过遍布全村的传感器网络，系统可以实时检测土壤湿度、光照时长、空气质量等指标，根据数据精准控制灌溉水量，还可以依据植物特性和季节变化生成养护方案，打造出四季有景的乡村风貌，提升乡村生态颜值，增强村民幸福感。

未来，智能绿化养护系统将与更多新兴技术深度融合，以科技创新引领现代农业发展。

【思考与练习】

1. 如何调整 pH 值传感器的数据？其工作原理是什么？
2. 当空气湿度小于 30%或环境温度大于 35℃时开启电机，请编写实现代码。

任务三 智能语音系统的安装与调试

【学习目标】

1. 了解语音识别技术及其分类。
2. 了解语音识别传感器的引脚定义及接线方法。
3. 能根据 OLED 显示屏的引脚定义及电路原理，正确连接 OLED 显示屏。
4. 能获取语音识别传感器等的数据，将结果显示在 OLED 显示屏上。
5. 培养勇于探索的创新精神。

【任务情景】

语音控制的优点是操作简单、便捷、人性化，无须使用遥控器或手机 App，只需简单的口头指令即可完成操作。智能语音系统可以用于控制家电设备或查询天气预报、新闻、路线等。对于老年人或身体不便的人，智能语音系统能使他们的生活更方便。

请利用语音识别传感器和 OLED 显示屏模块，完成一个智能语音系统的制作任务。

【任务分析】

要实现智能语音系统，首先要认识语音识别传感器，了解其工作原理、引脚定义和接线方法。本任务使用物联网套件制作一个小型验证机，来实现智能语音系统。

【相关知识】

一、语音识别技术简介

语音识别技术通常使用语音识别传感器捕捉和接收语音信号，并将语音信号转换为电信号，经过识别和理解的过程，把信号转变为相应的文本或命令。语音识别技术主要包括特征提取技术、模式匹配准则和模型训练技术。语音识别过程中常用的语音识别传感器如图 4-17 所示。

图 4-17 语音识别传感器

二、语音识别技术分类

根据识别的对象不同，语音识别任务大体可分为 3 类，即孤立词识别、关键词识别和连续语音识别。其中，孤立词识别的任务是识别事先已知的孤立的词，如"开机""关机"等；关键词识别的任务是识别连续语音，但它并不识别全部文字，而只是检测已知的若干关键词在何处出现，如在一段话中检测"计算机""世界"这两个词；连续语音识别的任务则是识别任意的连续语音，如一个句子或一段话。

根据针对的发音人，可以把语音识别技术分为特定人语音识别技术和非特定人语音识别技术，前者只能识别一个或几个人的语音，而后者可以识别任何人的语音。非特定人语音识别技术更符合实际需要，但其比针对特定人进行识别困难得多。

根据语音设备和通道，可以把语音识别技术分为桌面语音识别技术、电话语音识别技术和嵌入式设备（手机、计算机等）语音识别技术。不同的设备和通道会使人的发音的声学特性发生不同的变形，因此需要构造各自的识别系统。

语音识别技术的应用领域非常广泛，常见的应用系统有：语音输入系统，相对于键盘输入方法，它更符合人的日常习惯，也更自然、更高效；语音控制系统，即用语音来控制设备的运行，相对于手动控制方法，它更加快捷、方便，可以用在如工业控制、语音拨号系统、智能家电、声控智能玩具等领域；智能对话查询系统，能根据用户的语音进行操作，为用户提供自然、友好的数据库检索服务，如家庭服务、旅行社服务、医疗服务、银行服务等。

三、语音识别模式匹配方法

在训练阶段，用户将词汇表中的每个词依次说一遍，并且将其特征矢量作为模板存入模板库。

在识别阶段，将输入语音的特征矢量依次与模板库中的每个模板进行相似度比较，将相似度最高者作为识别结果输出。

【技能训练】

根据前面的分析，从物联网实训套件中找出本任务所需的硬件设备，硬件设备清单如表 4-16 所示。

表 4-16　智能语音系统的硬件设备清单

序号	设备名称
1	Arduino Mega2560 开发板
2	语音识别传感器
3	OLED 显示屏
4	已安装 Mind+软件的计算机

活动一　测试和配置语音识别传感器

一、测试语音指令接收功能

语音识别传感器的语音指令接收功能测试过程如下。

（1）用 USB 串口工具连接语音识别传感器，按表 4-17 接线，语音识别传感器调试接线图如图 4-18 所示。

表 4-17　设备接线

语音识别传感器引脚	USB 串口工具引脚
VCC	5V
GND	GND
B7/TX1	RX
B6/RX1	TX

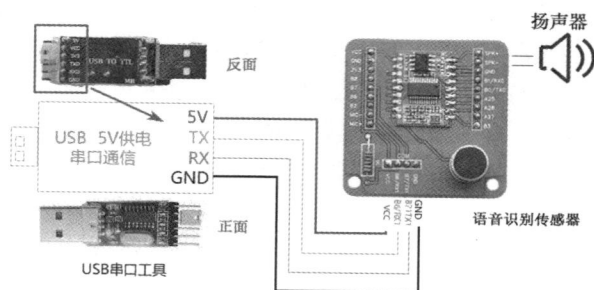

图 4-18　语音识别传感器调试接线图

（2）连接扬声器。

把扬声器连接到语音识别传感器的 SPK+ 和 SPK- 引脚，扬声器引脚不用区分正负。

（3）把 USB 串口工具接到计算机或充电宝上。

此时就会听到开机播报声。对智能语音系统说"小智精灵"或"小智小智"等，等待回应后再说"一号灯""二号灯""三号灯""打开全部灯""关闭全部灯"等，若智能语音系统有回应，则表示功能测试成功。

二、调试语音识别传感器

目前语音识别传感器已更新了带学习功能的固件。语音识别传感器默认出厂词条如图 4-19 所示。

学习功能的设置方法如下。

（1）改变智能语音系统的唤醒词（名字）：先说"小智小智"，再说"开始学习唤醒词"。

（2）改变智能语音系统的命令词：先说"小智小智"，再说"开始学习命令词"。

（3）清除学习内容：先说"小智小智"，再说"重置学习"。

唤醒词	
你好小智	
小智精灵	
小智小智	
命令词	控制引脚
一号灯	A25
二号灯	A26
三号灯	A27
四号灯	B3
五号灯	B7
六号灯	B6
七号灯	B2
八号灯	B1
九号灯（备用）	B0
打开全部灯	
关闭全部灯	

图 4-19　语音识别传感器
默认出厂词条

三、调试语音识别传感器串口数据

调试语音识别传感器串口数据的目的是通过计算机或单片机向智能语音系统的串口发送消息，控制智能语音系统工作或语音播报。其步骤如下。

（1）打开智能公元官网并登录，单击左侧"产品管理"/"所有产品"，单击"创建产品"按钮，选择"产品类型"为"其他"/"其他产品"、场景为"纯离线方案"、模组为"SU-03T"，最后填写产品名称："语音识别"，并选择语言为"中文"，基本配置如图 4-20 所示。然后单击"下一步"按钮，找到 B6 和 B7 功能口，分别配置成串口。

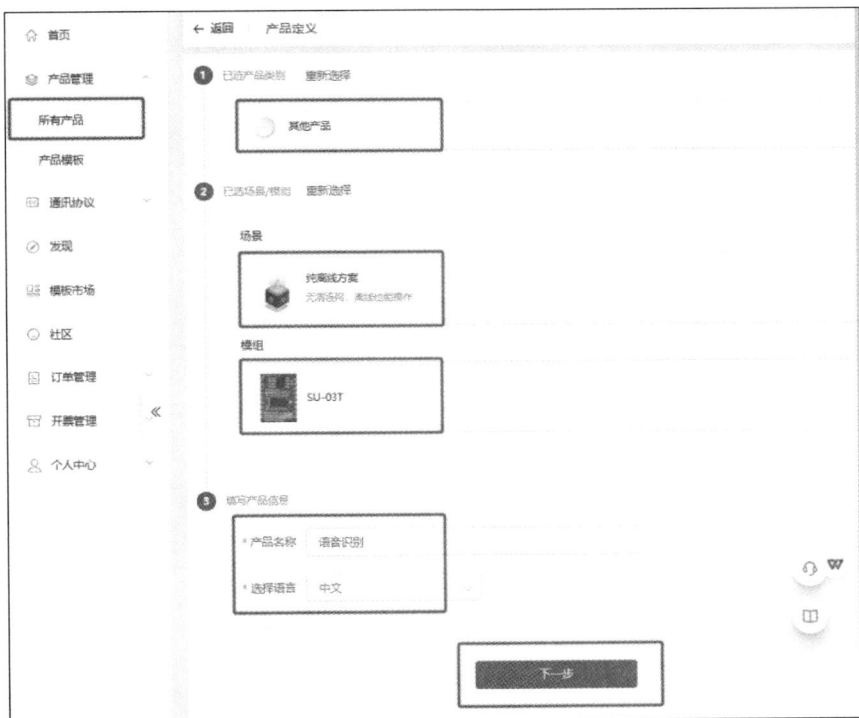

图 4-20　基本配置

语音识别传感器串口配置信息如图 4-21 所示。

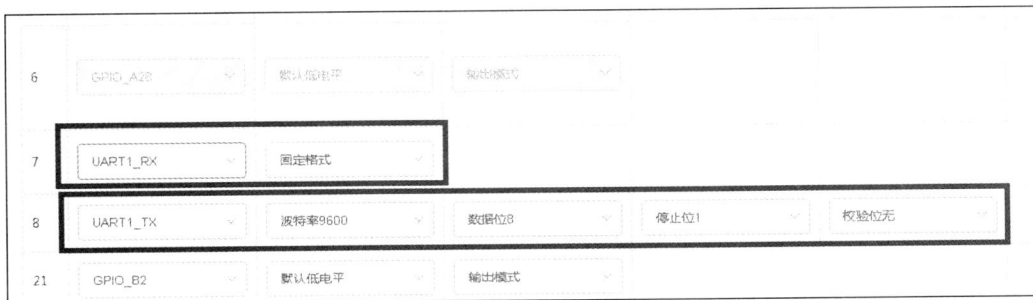

图 4-21　语音识别传感器串口配置信息

（2）配置完成后，下拉页面到"离线命令词与应答词自定义"部分，在"基础信息"选项卡下单击"添加一条"按钮，添加一个行为，触发方式选择"串口输入"，如图 4-22 所示。

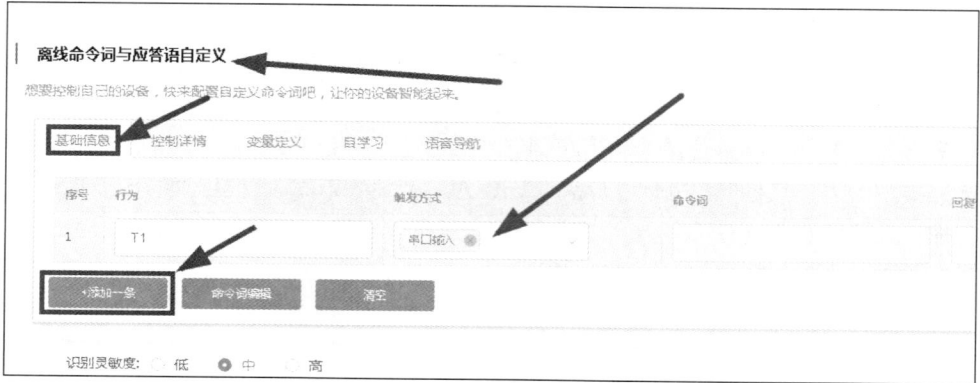

图 4-22　配置触发方式

（3）配置控制详情，如图 4-23～图 4-26 所示。

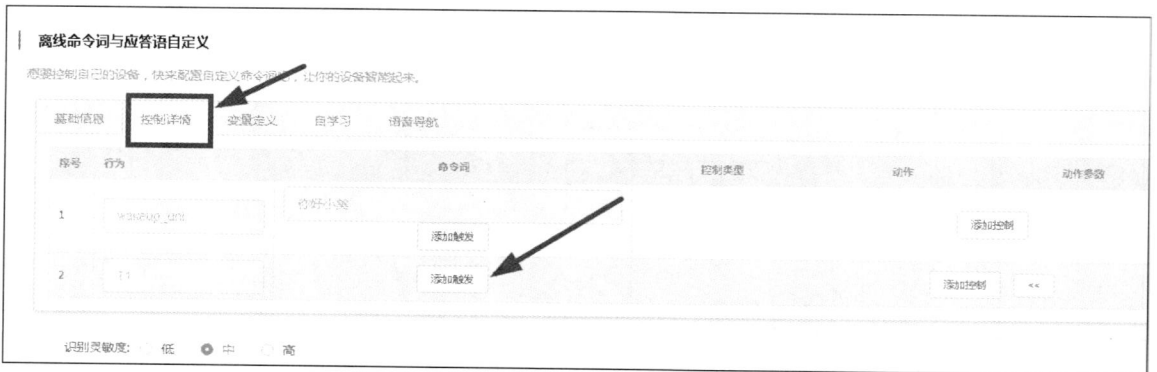

图 4-23　添加触发

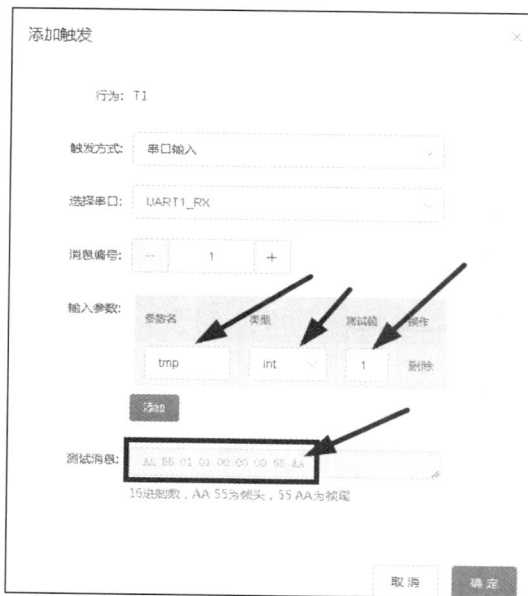

图 4-24　添加触发具体设置

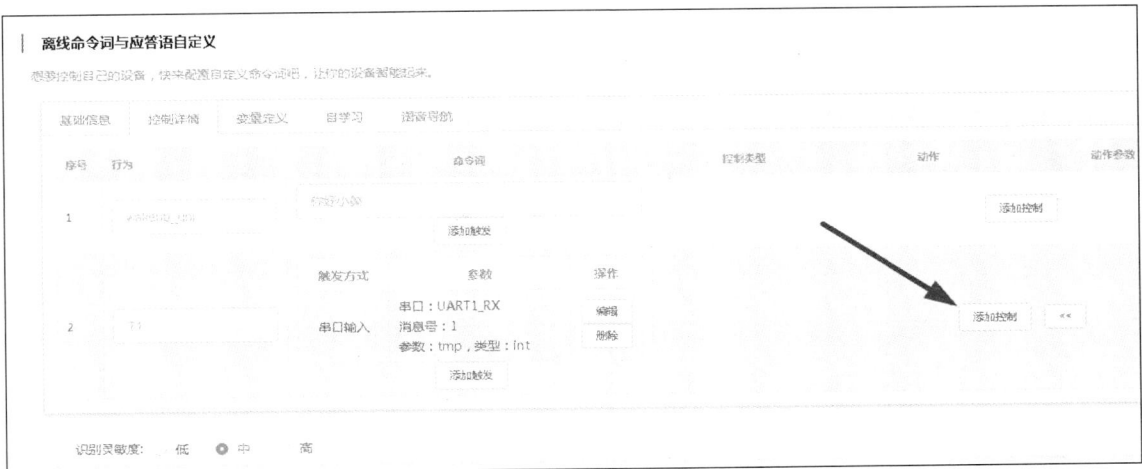

图 4-25 添加控制

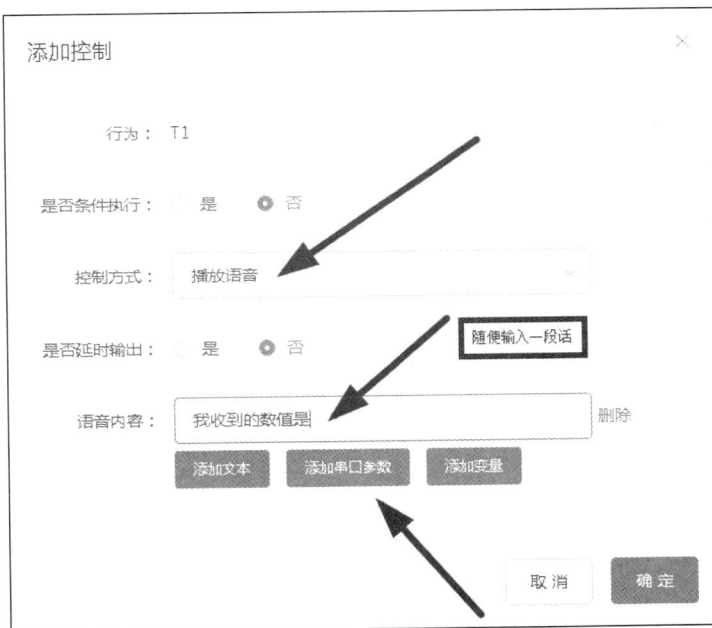

图 4-26 添加控制具体设置

（4）设置完成后，单击"保存"按钮，再单击"发布版本"按钮后，输入自定义的版本名称：test，转到生成固件的页面，等待固件生成，如图 4-27（a）所示，固件生成后，下载固件，如图 4-27（b）所示。使用 USB 烧录器及烧录工具将固件写入智能语音模块中，如图 4-28 所示。

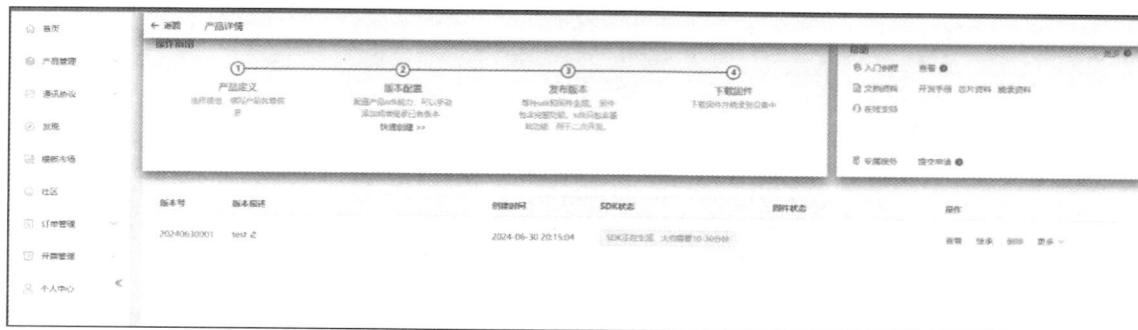

（a）等待固件生成

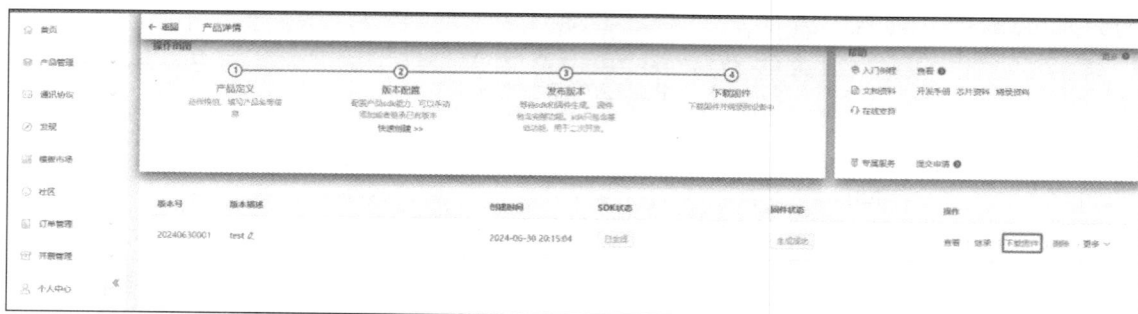

（b）下载固件

图 4-27　生成并下载固件

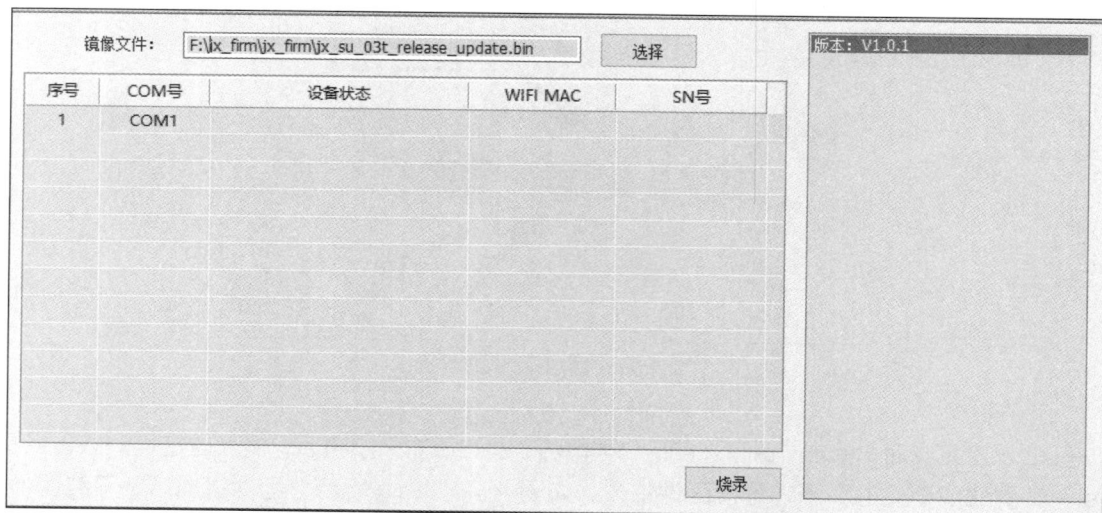

图 4-28　烧录固件

（5）用 USB 串口工具连接计算机，使用串口调试软件向智能语音系统发送串口消息，注意发送的消息为十六进制格式（以 HEX 方式发送），如图 4-29 所示。

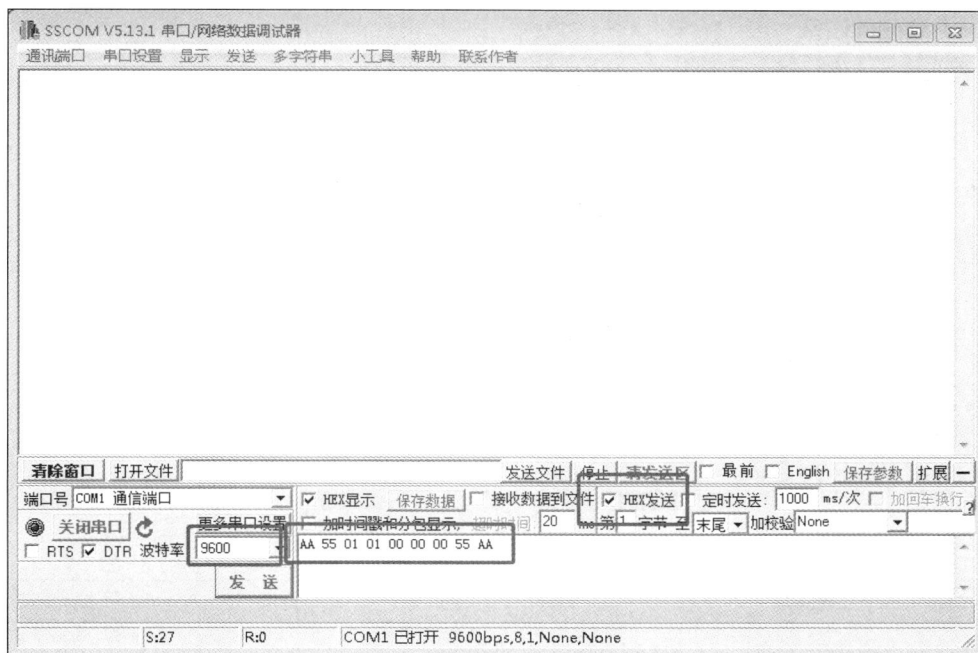

图 4-29 串口调试设置

发送的消息（十六进制数据）如下。

AA 55 01 01 00 00 00 55 AA

数据说明如下。

① AA 55 是帧头，55 AA 是帧尾，这是固定的格式，不需要改动。

② 第一个 01 为消息编号，占 1 字节，按串口输入触发行为的顺序编号，从 1 开始。这不需要改动。

③ 第一个 01 后面的"01　00　00　00"是实际需要播报的数据（这个数据表示 1），即需要传送的数值，智能语音系统接收此消息并通过扬声器播报出来。注意：从左往右为数值低位至高位，如传送十进制数据"1000"，正常转为十六进制格式是"03 E8"，但这里应反过来表示为"E8　03　00　00"，即整个数据格式是"AA 55 01 E8 03 00 00 55 AA"。

活动二　组装设备

一、梳理设备控制的逻辑关系

本任务中，语音识别传感器将获取的语音数据发给 Arduino Mega2560 开发板，开发板将结果显示在 OLED 显示屏中。智能语音系统的设备控制逻辑关系如图 4-30 所示。

图 4-30　智能语音系统的设备控制逻辑关系

二、组装硬件设备

仔细观察各硬件设备的引脚标志，明确各标志的含义。

按如下步骤进行硬件设备的组装。

（1）将语音识别传感器的 VCC 引脚、OLED 显示屏的 VCC 引脚、Arduino 开发板的 5V 引脚都接在供电接口上。

（2）将语音识别传感器的 GND 引脚、OLED 显示屏的 GND 引脚、Arduino 开发板的 GND 引脚都接在接地接口上。

（3）将语音识别传感器的 RX 引脚接到 Arduino 开发板的 TX3 引脚上。

（4）将语音识别传感器的 TX 引脚接到 Arduino 开发板的 RX3 引脚上。

（5）OLED 显示屏的 SCK 引脚可以接到 Arduino 开发板的引脚 21 上。

（6）OLED 显示屏的 SDA 引脚可以接到 Arduino 开发板的引脚 20 上。

可根据表 4-18 所示内容进行硬件连接。连接后的效果如图 4-31 所示。

表 4-18　智能语音系统的设备引脚连接

语音识别传感器引脚	OLED 显示屏引脚	Arduino 开发板引脚
VCC	VCC	5V
GND	GND	GND
RX		TX3
TX		RX3
	SCK	21
	SDA	20

组装设备的注意事项如下。

（1）语音识别传感器的连接线应该为红色线接电源正极、黑色线接电源负极，切不可接反。

（2）连接线上的引脚较尖锐，在操作过程中要注意安全。

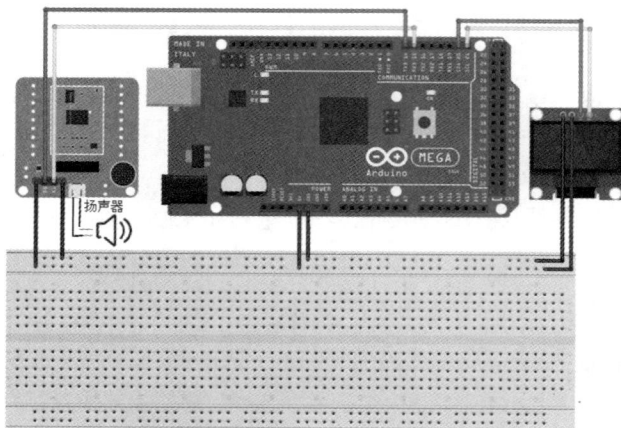

图 4-31　智能语音系统的设备连接效果

活动三　编写图形程序

在活动一中我们已经学习了如何进行硬件电路的连接，但是仅有硬件电路的连接仍不能实现本任务要求的功能，还需要对控制器进行软件程序的编写。

一、分析程序流程

下面讲解本程序的设计思路。智能语音系统的程序流程图如图 4-32 所示。

（1）OLED 显示屏模块初始化。

（2）不断读取语音识别传感器的数据。

（3）判断读取的值是否为预设的值，如果是，则在 OLED 显示屏中显示"口令正确"；如果不是，则在 OLED 显示屏中显示"口令错误"。

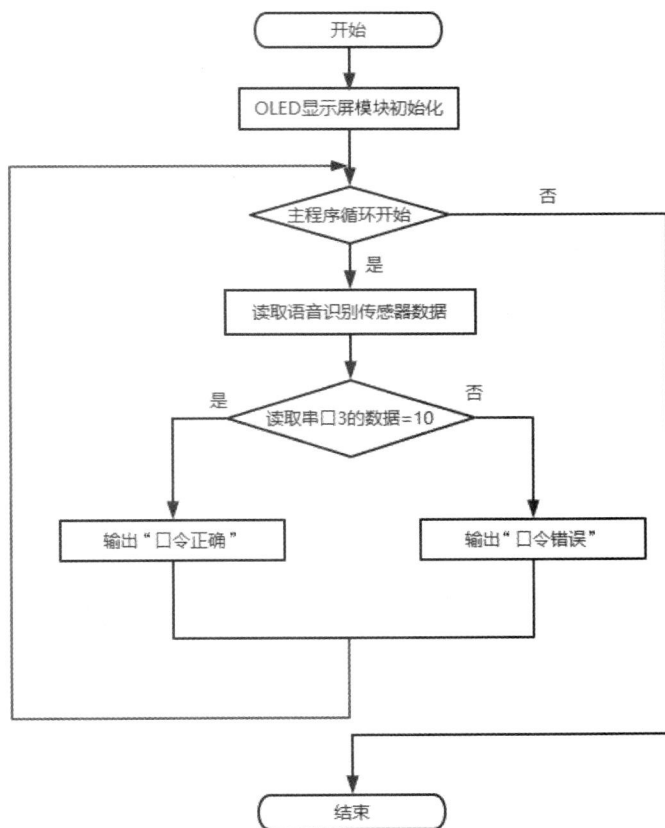

图 4-32　智能语音系统的程序流程图

二、搭建积木程序

分析完程序的流程后，利用 Mind+软件搭建积木程序。

（1）打开 Mind+软件，在软件界面的左下角单击"拓展"图标，添加 Arduino Mega2560 开发板。显示器选择"OLED-12864 显示屏"。

（2）添加设备后就可以进行程序的搭建，具体的操作过程如表 4-19 所示。

表4-19 程序操作过程

步骤	操作描述	操作图例
1	OLED 显示屏模块初始化，设置 IIC 地址为 0x3c	
2	找到"如果–否则"积木，在判断条件中选择"读取串口 3 数据=10"，10 为口令	
3	如果口令正确，在 OLED 显示屏显示"口令正确"，否则在 OLED 显示屏显示"口令错误"	

按表 4-19 完成操作后，智能语音系统的程序完整流程如图 4-33 所示。

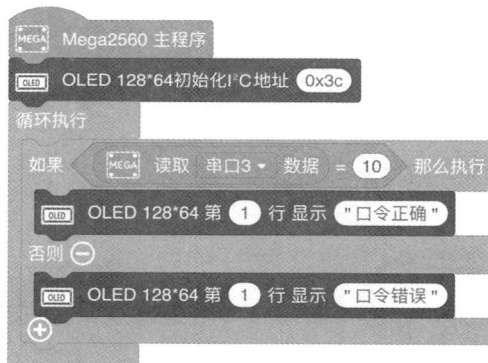

图 4-33 智能语音系统的程序完整流程

活动四 解读程序代码

一、查看 Mind+ 软件自动生成的代码

通过活动二搭建好了程序的框架，为了更好地理解程序的运行逻辑，还需要对 Mind+ 软件自动生成的 Arduino C 语言的代码进行解读，以提高对物联网系统编程的能力。可以按照以下步骤，查看 Mind+ 软件根据积木程序框架自动生成的 Arduino C 语言的代码。

（1）单击 Mind+ 软件右上角的"代码区"按钮。

（2）单击"自动生成"选项卡，如图 4-34 所示，就能查看 Mind+ 软件根据主窗口的积木程序框架自动生成的 Arduino C 语言的代码。

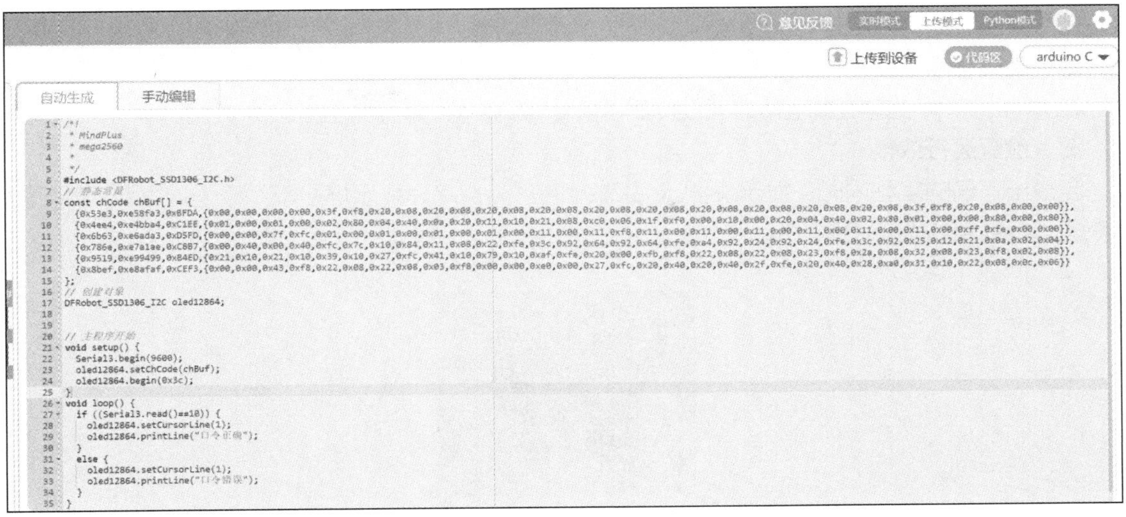

图 4-34　智能语音系统的 Arduino C 语言的代码

二、代码解析

主要代码解析如表 4-20 所示。

表 4-20　主要代码解析

代码	含义
#include <DFRobot_SSD1306_I2C.h>	调用显示屏库文件
const chCode chBuf[] = {......};	OLED 显示屏模块初始化

void setup() {
　　Serial3.begin(9600);
　　oled12864.setChCode(chBuf);
　　oled12864.begin(0x3c);}
	串口初始化，设定波特率为 9600

void loop() {	循环执行程序

if ((Serial3.read()==10)) {
　oled12864.setCursorLine(1);
　oled12864.printLine("口令正确");
}
	如果串口 3 获取的数据为 10，则在 OLED 显示屏上显示"口令正确"

else {
　oled12864.setCursorLine(1);
　oled12864.printLine("口令错误");
}
	否则，在 OLED 显示屏上显示"口令错误"

活动五　上传与调试程序

编写完程序后要进行程序的上传与调试，具体操作步骤如下。

一、连接设备

使用 USB 连接线将 Arduino Mega2560 开发板连接到计算机上，并在 Mind+软件中单击"连接设备"菜单，对开发板进行连接。

二、上传程序

在 Mind+软件中单击右上角的"上传到设备"按钮，完成程序的上传。

三、检查运行效果

当说出正确的唤醒词时，显示屏显示"口令正确"，反之，显示屏显示"口令错误"。智能语音系统的运行效果如图 4-35 所示。

图 4-35　智能语音系统的运行效果

【任务评价】

学生在完成本任务的学习后，教师可以根据学生的综合表现给出评分。任务评价表如表 4-21 所示。

表 4-21　任务评价表

序号	主要内容	评价标准	分值/分	得分/分
1	语音识别技术	能正确说出语音识别技术及技术分类	10	
2	语音识别传感器的识别	能快速、准确地从物联网实训套件中找出语音识别传感器	10	
3	语音识别传感器引脚的识别	能准确说出语音识别传感器引脚标志的含义	10	
4	语音识别传感器的组装	能根据设备连接图快速组装电路	10	
5	语音识别传感器的调试	能根据需求，正确搭建和配置 Mind+软件	10	
		能使用 Mind+软件，利用积木程序正确编写功能程序	10	
		能正确运行程序，使运行结果与功能需求一致	10	
6	职业素养	实验中，操作要安全、规范。完成实验后，应将相关元件、模块等收纳整齐，保持实验桌面干净、整洁	10	
7	学习态度	能主动参与课堂讨论和实践活动，积极寻求解决问题的方法	10	
		能按时完成学习及工作任务	10	
	总计		100	

【拓展学习】

智能音箱

智能音箱是一种集成语音识别、语音合成和自然语言处理等技术的智能设备，可实现语音交互、音乐播放、智能家居控制和消息提醒等功能。智能音箱的外观设计多样，通常呈圆柱或立方体状，并配备显示设备。

　　智能音箱的基础技术是语音识别技术和语音合成技术。随着人工智能技术的不断进步和智能家居的普及，智能音箱越来越常见，其功能和性能将不断提升。智能音箱的技术框架包括前端硬件、中央处理器、语音识别引擎、自然语言处理引擎、应用控制引擎和云服务平台，可以实现语音互动、智能控制、多媒体播放等功能。智能音箱的工作包括声音采集、前端声音预处理、语音唤醒、语音识别、意图识别、意图匹配和响应生成等。

【思考与练习】

1. 语音识别传感器适用于什么地方？
2. 如何利用语音识别传感器实现控制电机的开和关？

模块五

物联网系统云平台
数据维护

在模块一至模块四中，我们学习了各种传感器和执行器的使用，可以通过 Arduino 开发板对传感器数据进行采集，还可以控制各种执行器。物联网的任务是将设备数据网络化，使我们能够远程获取设备的运行数据，并控制设备。除此之外，物联网还有更高级的应用。例如，通过收集大量物联网数据来挖掘数据的深度价值，或将物联网技术与人工智能技术结合来打造智能物联网。物联网的意义不仅在于实现设备的网络化，还在于提高设备数据的价值和设备的智能程度。

虽然物联网的高级应用技术很多，但由于篇幅有限，本模块仅介绍 Wi-Fi 通信、物联网云平台等基础内容。具体内容包括 Wi-Fi 的基本应用，Wi-Fi 的 AT 指令，MQTT 通信协议，物联网云平台上产品的创建、设备的管理、设备上线，以及物联网云平台数据的调试等。

任务一　物联网通信模块的配置

【学习目标】

1. 理解 Wi-Fi 通信中常用 AT 指令的含义和用法。
2. 能正确使用 Wi-Fi 的 AT 指令调试 Wi-Fi 模块。
3. 能使用 Wi-Fi 固件烧写工具烧写 Wi-Fi 固件程序。
4. 增强规则意识和安全意识，严格执行物联网系统运维的操作流程。

【任务情景】

某公司有一批 Wi-Fi 模块库存，因这批 Wi-Fi 模块的固件程序版本过低，需要对这批 Wi-Fi 模块进行固件程序升级，并进行通信测试。

【任务分析】

Wi-Fi 的高版本固件程序对物联网通信协议具有更好的支持，升级固件程序不仅需要认识 Wi-Fi 模块的引脚、会使用固件升级工具，还需要了解 Wi-Fi 的 AT 指令的用法。本任务暂不要求接入物联网云平台，需先进行 Wi-Fi 的固件程序升级，学习 AT 指令，并对 Wi-Fi 模块进行测试。

【相关知识】

一、Wi-Fi 简介

无线保真（Wireless Fidelity，Wi-Fi）是一种允许电子设备通过无线电波连接无线局域网的技术。"Wi-Fi"是一个无线网络通信技术的品牌，由 Wi-Fi 联盟持有。它基于 IEEE 802.11 标准，通常工作在 2.4GHz 或 5GHz 的特高频或超高频频段。

Wi-Fi 的工作原理是通过发射和接收无线电波来实现数据传输。这些无线电波在空气中传播，当遇到障碍物时会被反射、折射或吸收。为了提高传输质量，Wi-Fi 设备通常会使用多径传播和空间复用技术来优化无线电波传播路径。

Wi-Fi 技术有多种标准，其中常用的是 IEEE 802.11n 和 IEEE 802.11ac。这些标准定义了不同类型的 Wi-Fi 设备之间的兼容性和性能要求。随着技术的不断发展，Wi-Fi 的数据传输速度和可靠性也在不断提高，满足了越来越多用户的需求。

Wi-Fi 的无线电波覆盖范围广，不论是在办公室中还是在整栋大楼中都可使用。

Wi-Fi 的技术成本比较低。在机场、车站、咖啡店、图书馆等人员较密集的地方设置"热点"，用户将支持 Wi-Fi 的设备拿到"热点"覆盖区域内，即可高速接入互联网。商家不用耗费资金进行网络布线就能提供网络服务，节约了大量的成本。

二、Wi-Fi 模块

Wi-Fi 模块是支持 Wi-Fi 协议的电子硬件模块，主要应用于个人计算机、服务器、路由器、嵌入式设备等不同的电子产品中。Wi-Fi 模块品牌众多，支持的协议版本不同，性能也有一定差异。Wi-Fi 模块虽然外观不同，但是使用方法大同小异。通过本任务可以举一反三地掌握不同品牌 Wi-Fi 模块的使用方法。本书使用的 Wi-Fi 模块为我国生产的 ESP8266 Wi-Fi 模块。要在项目中正确使用 Wi-Fi 模块，就需要了解 Wi-Fi 模块的引脚定义。下面对 ESP8266 Wi-Fi 模块引脚进行介绍。

ESP8266 Wi-Fi 模块的正面和反面分别如图 5-1、图 5-2 所示。在该模块反面的最下方有一排引脚，每个引脚都有字母标志，其中，VCC 表示该引脚接入直流电源的正极；GND 表示接入直流电源的负极；TXD 表示发送数据引脚；RXD 表示接收数据引脚；RST 表示复位引脚，用于重启 Wi-Fi 模块；IO_0 用于固件程序升级，在升级时，需将 IO_0 引脚接地（GND）。

图 5-1　ESP8266 Wi-Fi 模块的正面

图 5-2　ESP8266 Wi-Fi 模块的反面

三、Wi-Fi 的 AT 指令

Wi-Fi 模块的核心部件是一个芯片，该芯片内部存储着 Wi-Fi 的固件程序。利用串口向 Wi-Fi 模块发送 AT 指令，Wi-Fi 内部的程序就会解析这些 AT 指令，并完成这些 AT 指令所表达的任务。常用 AT 指令使用说明如表 5-1 所示。

表 5-1　常用 AT 指令使用说明

AT 指令	功能及参数说明	用法示例
AT	测试 AT	AT 返回值：OK
AT+RST	重启 Wi-Fi 模块	AT+RST 返回值：OK
AT+GMR	查看 AT 版本信息	AT+GMR 返回值：AT version:2.3.0.0
AT+CWMODE	选择 Wi-Fi 应用模式，此指令需重启后生效。 指令参数 mode 取值如下： 1 表示 Station 模式； 2 表示 AP 模式； 3 表示 AP 和 Station 共存模式	AT+CWMODE=1 返回值：OK
AT+CWJAP	加入热点，指令参数如下： ssid 字符串参数，接入点名称；pwd 字符串参数，密码最长为 64 字节的 ASCII	AT+CWJAP="ChinaNet-009988","1231456" 其中，ChinaNet-009988 为需要连接的 Wi-Fi 名称；1231456 为 Wi-Fi 密码。 返回值： AT+CWJAP="ChinaNet-009988","123456" WiFi DISCONNECT WiFi CONNECTED WiFi GOT IP OK
AT+CIPSTART	功能如下。 （1）TCP 单连接（AT+CIPMUX=0）时： AT+CIPSTART=<type>, <remote IP>, <remote port>　[,<TCP keep alive>] （2）TCP 多连接（AT+CIPMUX=1）时： AT+CIPSTART= <link ID> <type>, <remote IP>,　<remote port>　[,<TCP keep alive>] 参数说明如下。 • link ID：网络连接 ID（0~4），用于多连接的情况。 • type：字符串参数，连接类型可为 "TCP" "UDP" "SSL"。 • remote IP：字符串参数，远端 IP 地址。 • remote port：远端端口号。 • TCP keep alive：侦测时间，默认关闭此功能。其中，取值为 0 表示关闭 TCP keep alive 功能；取值为 1~7200 表示侦测时间，单位为 "s"	AT+CIPSTART=0, "TCP","192.168.101.110",1000 表示与 IP 地址为 192.168.101.110、端口号为 1000 的服务器建立连接。 返回值： 连接成功返回 OK； 连接失败返回 ERROR； 如果连接已经存在，则同样返回 ERROR

续表

AT 指令	功能及参数说明	用法示例
AT+CIFSR	查看本模块的 IP 地址。 ESP8266 Station IP 需连上 AP 后，才可以查询	AT+CIFSR 返回值： +CIFSR:STAIP,"192.168.71.26" 这是 IP 地址 +CIFSR:STAMAC,"9c:9c:1f:45:e7:04"这是MAC 地址
AT+CIPSEND	功能 1：发送数据。 设置指令如下。 （1）单连接（AT+CIPMUX=0）时： AT+CIPSEND=<length> （2）多连接（AT+CIPMUX=1）时： AT+CIPSEND=<link ID>,<length> （3）如果是 UDP 传输，可以设置远端 IP 地址和端口： AT+CIPSEND=[<link ID>,] <length> [,<remote IP>, <remote port>] 功能 2：在普通传输模式时，设置发送数据的长度	AT+CIPSEND=0,4 如果未建立连接或连接被断开，返回 ERROR。 如果数据发送成功，返回 SEND OK

【技能训练】

根据前面的分析，从物联网实训套件中找出本任务所需的硬件设备，硬件设备清单如表 5-2 所示。

表 5-2　硬件设备清单

序号	设备名称
1	ESP8266 Wi-Fi 模块
2	USB TO TTL 模块
3	面包板
4	已安装相应软件的计算机

活动一　升级固件程序

本书配套硬件中 ESP8266 Wi-Fi 模块的固件程序版本过低，无法满足后续联网任务的要求，为保障联网任务的顺利进行，需要对 ESP8266 Wi-Fi 模块的固件程序进行升级。固件程序升级所需要的软件和文件已经存放在教材配套资源\模块五\任务一的文件夹内。具体的操作过程如下。

一、安装驱动程序

Wi-Fi 模块无法与计算机的 USB 接口直接相连，需要使用 USB TO TTL 模块进行信号转接。USB TO TTL 模块对于计算机来说是一个陌生的硬件，计算机需要安装该硬件的驱动程序才能正常识别它。USB TO TTL 模块的驱动程序存放在教材配套资源\模块五\任务一\CH340G usb to ttl 驱动\驱动软件的文件夹内，在其中找到"CH341SER.exe"文件，双击该文件，即可完成该硬件驱动程序的安装。安装完驱动程序，在计算机的 USB 接口上插入 USB TO TTL 模块后，可在计算机的设备管理器中查看相应的设备，如图 5-3 所示。

二、硬件连接

连接 USB TO TTL 模块与 ESP8266 Wi-Fi 模块，为 ESP8266 Wi-Fi 模块固件程序升级做好准备。ESP8266 Wi-Fi 模块与 USB TO TTL 模块连接的引脚对应关系如表5-3 所示。需要注意的是，USB TO TTL 模块只有一个 GND 引脚，而 ESP8266 Wi-Fi 模块的 GND 和 IO_0 两个引脚都需要接到 USB TO TTL 模块的 GND 引脚。所以，USB TO TTL 模块的 GND 引脚不够用，这种情况下，可借用面包板来拓展 USB TO TTL 模块的 GND 引脚。ESP8266 Wi-Fi 模块与 USB TO TTL 模块接线图如图 5-4 所示。

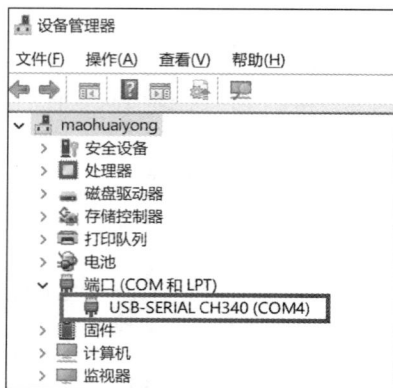

图 5-3　在设备管理器中查看设备

表 5-3　ESP8266 Wi-Fi 模块与 USB TO TTL 模块连接的引脚对应关系

ESP8266 Wi-Fi 模块的引脚	USB TO TTL 模块的引脚
VCC	VCC
GND	GND
RXD	TXD
TXD	RXD
IO_0	GND

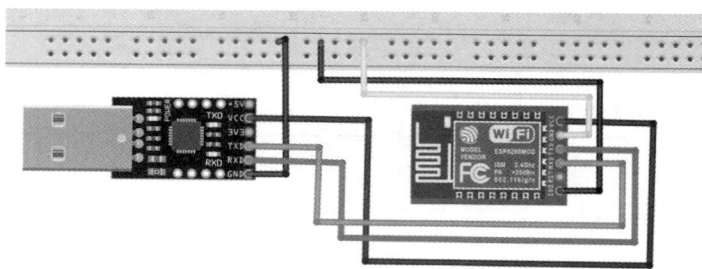

图 5-4　ESP8266 Wi-Fi 模块与 USB TO TTL 模块接线图

三、烧写固件程序

（1）将接好线的 USB TO TTL 模块插入计算机的 USB 接口上，此时将看到 ESP8266 Wi-Fi 模块上亮起一个蓝色指示灯。如果未看到蓝色指示灯，需检查设备之间的线路连接是否正确，以及线路接触是否良好。

（2）配置程序烧写参数。打开教材配套资源\模块五\任务一\Wi-Fi 模块配置\ESPFlashDownload

Tool.exe，弹出图 5-5 所示的窗口，单击"ESP8266 DownloadTool"按钮。

（3）烧写固件程序，如图 5-6 所示。加载教材配套资源\模块五\任务一\Wi-Fi 模块配置\
ESP8266-AT-4M-1.bin 固件程序，COM 选项按串口的实际情况进行选择，其他选项按图 5-6
配置即可。配置完成后，单击"START"按钮开始下载固件程序，这时将在窗口最下方看到一个
蓝色进度条。等待固件程序下载结束，就完成了固件程序的升级。

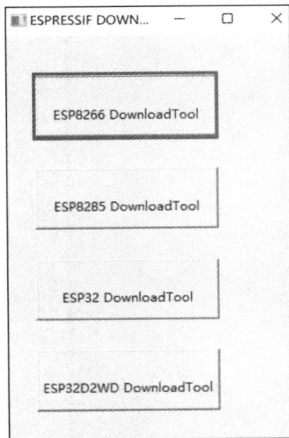

图 5-5　单击"ESP8266 DownloadTool"按钮

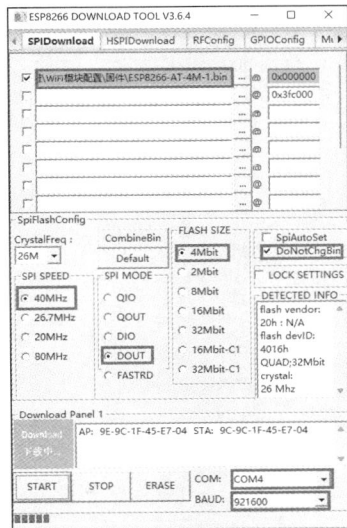

图 5-6　烧写固件程序

活动二　Wi-Fi 的 AT 指令的使用

在使用 ESP8266 Wi-Fi 模块时，需要将该模块连接到控制器的串口上，通过串口向 ESP8266
Wi-Fi 模块发送 AT 指令或数据。本活动中，暂不使用 Arduino 开发板，先通过计算机的串口向
ESP8266 Wi-Fi 模块发送 AT 指令，学习常用 AT 指令的使用方法。具体操作步骤如下。

连接 ESP8266 Wi-Fi 模块与 USB TO TTL 模块。此处，不需要使用 IO_0 引脚，所以也不
需要使用面包板。按照表 5-4 进行接线。接好线后，将 USB TO TTL 模块接到计算机的 USB 接
口上。此时，ESP8266 Wi-Fi 模块上的蓝色指示灯亮起。

表 5-4　ESP8266 Wi-Fi 模块与 USB TO TTL 模块连接的引脚对应关系（无 IO_0 引脚）

ESP8266 Wi-Fi 模块的引脚	USB TO TTL 模块的引脚
VCC	VCC
GND	GND
RXD	TXD
TXD	RXD

149

一、打开"网络调试助手"

打开教材配套资源\模块五\任务一\网络调试助手 V4.2.1.exe，搭建一个网络服务器，协议类型选择 TCP Server，本地主机地址根据实际情况选择，本地主机端口自定义。网络调试助手窗口如图 5-7 所示。这个服务器可以用来检测端口上的接收数据，并输出到接收窗口。在练习 AT 指令时会使用该服务器。

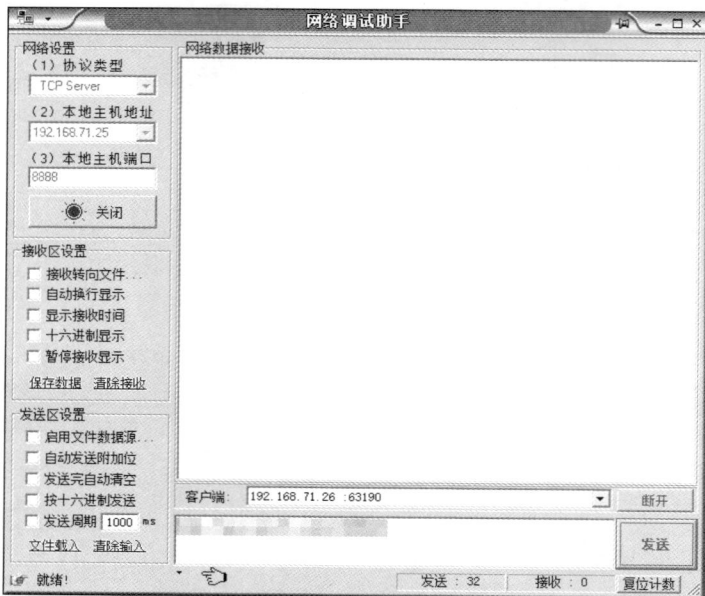

图 5-7　网络调试助手

二、打开串口

打开配套资源\模块五\任务一\安信可串口调试 V2.0.1.exe，在串口调试工具的下方选择端口号（端口号按实际情况选择），并打开串口，如图 5-8 所示。

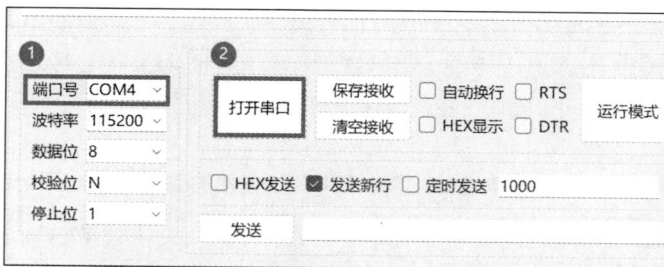

图 5-8　选择端口号并打开串口

三、输入指令

在串口调试助手的右侧常规面板中输入指令 AT，再单击左侧对应的数字按钮，运行 AT 指令。AT 指令要按顺序运行，具体的 AT 指令及响应结果如表 5-5 所示。

表 5-5　具体的 AT 指令及响应结果

AT 指令	指令响应结果	说明
常规面板 ② 依次点击发送 ① 1　AT　字符串	AT OK	AT 为测试指令，返回 OK 表示 AT 指令测试正常
2　AT+GMR	AT+GMR AT version:2.3.0.0(dev SDK version:v3.4-22-g9 compile time(b498b58): Bin version:2.2.0(WROON OK	AT+GMR 的功能为输出 AT 版本信息。该指令的响应结果表明 AT 的版本已经升级为 2.3.0.0
3　AT+CWMODE=1	AT+CWMODE=1 OK	设置 Wi-Fi 为 Station 模式，此时 Wi-Fi 相当于一个可接入无线局域网的终端设备
4　AT+RST	AT+RST OK sd $w\|l<lc\|;clcg'lngbx$cl{lxndco|<c #################################### arch:ESP8266, 1 compile_time:Ai-Thinker|B&T wifi_mac:9c9C1F45E704 sdk_version:v3.4-22-g967752e2 firmware_version:2.2.0 compile_time:Jun 30 2021 13:41:22 ready	AT+RST 的功能为重启 Wi-Fi 模块。出现 ready 表明 Wi-Fi 模块重启完成
5　AT+CWJAP="ChinaNet-009988","	AT+CWJAP="ChinaNet-009988"," WIFI DISCONNECT WIFI CONNECTED WIFI GOT IP OK	AT+CWJAP 的功能为接入 Wi-Fi 热点。该指令的响应结果表明成功接入了 Wi-Fi 热点
7　AT+CIFSR	AT+CIFSR +CIFSR:STAIP "192.168.71.26" +CIFSR:STAMAC,"9c:9c:1f:45:e7:04" OK	AT+CIFSR 的功能为查询 Wi-Fi 模块被分配的 IP 地址。这进一步证明了联网成功
8　AT+CIPMUX=1	AT+CIPMUX=1 OK	AT+CIPMUX 的功能是设置是否为多连接模式。其中，1 表示多连接模式；0 表示单连接模式
9　AT+CIPSTART=0,"TCP","192.168.71..	AT+CIPSTART=0,"TCP","1 0,CONNECT OK	AT+CIPSTART 的功能是配置 Wi-Fi 连接到某个服务器（指定服务器的 IP 地址和端口号）。进行该操作之前，需要确认网络服务器已经正常开启
10　AT+CIPSEND=0,7 发送　6666666666	Recv 7 bytes SEND OK 网络调试助手 2.168.71.26 :63188 6666666	AT+CIPSEND 的功能是设置在网络ID 为 0 的连接上发送长度为 7 字节的数据。在串口的发送文本框内输入数据并发送，在网络服务器的窗口中将接收到相应数据
客户端 192.168.71.26 :63188 ① 断开 88888 ② 发送 ③	+IPD,0,5:88888	在网络服务器软件中，选择客户端，输入数据后发送，Wi-Fi 串口接收到服务器发来的数据

【任务评价】

学生在完成本任务的学习后，教师可以根据学生的综合表现给出评分。任务评价表如表 5-6 所示。

表 5-6　任务评价表

序号	主要内容	评价标准	分值/分	得分/分
1	Wi-Fi 的 AT 指令的功能	能说出常用 AT 指令的功能及用法	20	
2	Wi-Fi 模块与 USB TO TTL 模块的连接	能正确连接 Wi-Fi 模块与 USB TO TTL 模块	15	
3	Wi-Fi 的固件程序升级	能够进行 Wi-Fi 模块的固件程序升级	15	
4	Wi-Fi 的 AT 指令的使用	能在串口工具中正确使用 Wi-Fi 的 AT 指令	20	
5	职业素养	实验中，操作要安全、规范。完成实验后，应将相关元件、模块等收纳整齐，保持实验桌面的干净、整洁	10	
6	学习态度	能主动参与课堂讨论和实践活动，积极寻求解决问题的方法	10	
		能按时完成学习及工作任务	10	
		总计	100	

【拓展学习】

Wi-Fi 协议的不同版本

在当今的数字时代，Wi-Fi 已经成为我们生活中不可或缺的一部分。无论是在家里、办公室，还是在其他公共场所，我们都能方便地连接到无线网络。

Wi-Fi 协议的发展可以追溯到 1997 年，当时发布了第一个版本的 Wi-Fi 协议，即 802.11。随着时间的推移，Wi-Fi 协议不断更新，以满足人们对更快的速度、更大的容量和更好的性能的无线网络的需求。

（1）802.11b（1999 年）：也被称为 Wi-Fi 1，是第一个广泛应用的 Wi-Fi 协议版本。802.11b 支持的数据传输速率为 11Mbit/s，在 2.4GHz 频段工作。802.11b 是 Wi-Fi 技术的重要里程碑，为无线网络的普及奠定了基础。

（2）802.11a（1999 年）：与 802.11b 同时发布，在 5GHz 频段工作，最高数据传输速率为 54Mbit/s。尽管 802.11a 提供了更高的传输速率，但其与 802.11b 不兼容且在 5GHz 频段的覆盖范围较小，因此其在市场上的应用相对较少。

（3）802.11g（2003 年）：为了结合 802.11a 和 802.11b 的优点，802.11g 应运而生。802.11g 在 2.4GHz 频段工作，最高数据传输速率为 54Mbit/s，并且向后兼容 802.11b。问世后，802.11g 一度成为主流的 Wi-Fi 协议版本，广泛应用于家庭和企业网络。

（4）802.11n（2009 年）：802.11n 是一次重大的升级，引入了多输入多输出（Multiple-Input Multiple-Output，MIMO）技术，显著提高了数据传输速率、扩大了覆盖范围。802.11n 支持最高 600Mbit/s 的数据传输速率，并在 2.4GHz 和 5GHz 频段上工作。802.11n 的出现推动了高清视频流、在线游戏和大文件传输等高带宽应用的发展。

（5）802.11ac（2013 年）：也被称为 Wi-Fi 5。802.11ac 进一步提升了速度和性能，支持更高的频率带宽和更多的 MIMO 流。802.11ac 在 5GHz 频段上提供了更高的数据传输速率，最高可达 1.3Gbit/s。802.11ac 适用于高密度设备环境和对速度要求较高的应用，如 4K 视频传输和虚拟现实。

（6）802.11ax（2019 年）：也被称为 Wi-Fi 6。802.11ax 引入了多项技术创新，包括正交频分多址（Orthogonal Frequency Division Multiple Access，OFDMA）、目标唤醒时间（Target Wake Time，TWT）和 1024-QAM 调制等，以提高网络效率、容量和性能。802.11ax 能够支持更多的设备连接。

（7）802.11be（2024 年）：也被称为 Wi-Fi 7。802.11be 引入了 320MHz 带宽、4096-QAM 调制、多链路操作等技术，以提供更高的数据传输速率和更低的时延。

随着技术的不断进步，Wi-Fi 协议仍在继续发展。未来可能会出现更高版本的 Wi-Fi 协议，提供更快的速度、更大的容量和更好的性能。了解不同版本的 Wi-Fi 协议可以帮助我们更好地选择满足自己需求的设备，并充分利用无线网络的优势。

【思考与练习】

1. ESP8266 Wi-Fi 模块支持的 Wi-Fi 协议有哪些？其最大数据传输速率是多少？
2. 请使用软件工具升级 ESP8266 Wi-Fi 模块的固件程序。
3. 使用串口工具和网络服务器工具对 Wi-Fi 模块进行 AT 指令测试，要求实现与测试网络服务器的连接，并进行数据互发测试。

任务二　物联网云平台的数据管理

【学习目标】

1. 了解物联网云平台的功能以及 MQTT 的工作原理。
2. 掌握 AT+MQTT 指令的含义和用法。
3. 能在物联网云平台上创建产品和设备。
4. 能在 Mind+软件中正确编写程序。
5. 提高信息安全意识，养成良好的服务意识。

【任务情景】

某公司接到一个物联网项目，需要利用 Wi-Fi 模块制作一个远程温湿度监控设备，该设备能将温度和湿度实时数据上传到物联网云平台，并能在物联网云平台中实现对产品和设备的远程管理。

【任务分析】

要将数据上传到物联网云平台，需要在物联网云平台中进行设备的创建。在设备端，先将 Arduino 开发板、温湿度传感器、Wi-Fi 模块进行设备组装，再编写程序实现将温度和湿度数据上传到物联网云平台，最后在物联网云平台上检查数据是否上传成功。

【相关知识】

一、物联网云平台的功能

物联网云平台可以支持通过无线或有线网络采集传感网络节点上的物品感知信息，进行格式转换、保存和分析计算。同时，物联网云平台可以将数据以图表等形式进行展示，便于用户直观地了解设备状态和数据变化。物联网云平台可以对采集到的数据进行处理、分析和知识挖掘，从而实现对物理世界的实时控制、精确管理和科学决策，帮助企业优化资源配置、提高生产效率、降低运营成本，实现智能化转型升级。物联网云平台需要建立一套面向客户、传感器厂商、第三方行业应用提供商的运营服务体系，包括组织、流程、产品、支撑系统，其中支撑系统应具备业务受理、开通、计费等功能，能够提供物联网产品的快速开通服务。

通过物联网云平台，用户可以实时查看和管理设备的运行状态，对设备进行远程控制和调整，实现设备的精细化管理和优化运行。物联网云平台提供丰富的 API 和 SDK，支持第三方开发者快速构建物联网应用，实现各行业的智能化创新。同时，物联网云平台也可以与其他系统进行集成，提高整体系统的协同效应。在特定场景下，如农业物联网中，物联网云平台可以对农田的数据进行分析，遇到突发灾害时可以及时预警，提醒用户及时采取补救措施，或者按照事先设定好的规则自行启动补救措施。

二、物联网云平台的通信协议

物联网设备与物联网云平台要通信，双方就要遵守共同的通信协议。MQTT 是物联网设备与物联网云平台通信中比较常用的一种通信协议，是一种轻量级的消息传输协议，可用于低带宽和不稳定的网络环境，实现物联网设备与物联网云平台的可靠通信。

目前，MQTT 已经成为物联网设备与物联网云平台通信的主流协议。MQTT 基于发布/订阅模式，该模式在很多软件系统中已经有所运用，如微信朋友圈、微博、视频号、公众号等社交平台。MQTT 通信模型如图 5-9 所示。

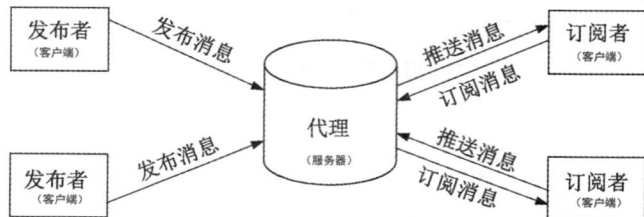

图 5-9　MQTT 通信模型

在 MQTT 中有两个端，分别是服务器和客户端；有 3 个身份，分别是发布者、代理、订阅者。客户端不能直接对客户端实行端到端的消息收发，必须经过服务器管理分配，所以服务器要运行一个代理服务，也就是体现 3 个身份之一的代理身份。消息的发送方称为发布者，消息的接收者称为订阅者。发布者把消息发送给代理，代理负责检查需要接收这个消息的客户端，并将消息转发给它。因为要识别不同的消息，所以 MQTT 制定了主题标准，也就是给消息加上了标签。发布者发送的消息要带上标签，代理根据谁订阅了这个标签来决定把消息转发给谁，这个标签就称为主题。主题携带需要传输的信息称为负载。

三、AT+MQTT 指令

ESP8266 Wi-Fi 模块支持 MQTT 的 AT 指令，用户可以使用 AT+MQTT 快速地连接对应的 MQTT 服务器，进行订阅和发布等操作。常用的 AT+MQTT 指令使用方法如表 5-7 所示。

表 5-7　常用的 AT+MQTT 指令使用方法

AT+MQTT 指令	功能及参数说明	用法示例
AT+MQTTUSERCFG=<LinkID>,<scheme>,<"client_id">,<"username">,<"password">,<cert_key_ID>,<CA_ID>,<"path">	功能：配置 MQTT 用户。 参数说明如下。 LinkID：表示连接的编号或标识符，用于区分不同的网络连接。 scheme：表示 MQTT 连接所使用的协议方案。 client_id：用于标识客户端身份，最长为 256 字节。 username：用于登录 MQTT 代理的用户名，最长为 64 字节。 password：用于登录 MQTT 代理的密码，最长为 64 字节。 cert_key_ID：证书 ID，目前支持一套 cert 证书，参数为 0。 CA_ID：CA ID，目前支持一套 CA 证书，参数为 0。 path：资源路径，最长为 32 字节	AT+MQTTUSERCFG=0,1,"客户端 ID","用户名","密码",0,0,""
AT+MQTTCONN=<LinkID>,<"host">,<port>,<reconnect>	LinkID：用于指定要连接的 MQTT 代理所对应的连接编号。当前仅支持 link ID 0。 host：MQTT broker 域名，最大长度为 128 字节。 port：MQTT broker 端口，最大端口为 65535。 reconnect：0 表示 MQTT 不自动重连。1 表示 MQTT 自动重连	AT+MQTTCONN=0,"MQTT 服务器地址",1883,0
AT+MQTTCLIENTID=<LinkID><"client_id">	功能：设置 MQTT 客户端 ID，将会覆盖 AT+MQTTUSERCFG 中的 client_id 参数。用户可通过 AT+MQTTCLIENTID 设置较长的 client_id。 响应：OK 或 ERROR。 参数说明如下。 LinkID：当前只支持 0。 client_id：用于标识客户端身份，最长为 256 字节	AT+MQTTCLIENTID=0,"客户端 ID"
AT+MQTTSUB=<LinkID>,<"topic">,<qos>	功能：订阅指定连接的 MQTT 主题，可重复多次订阅不同主题。 参数说明如下。 LinkID：当前只支持 0。 topic：订阅的主题字符串。 qos：通信质量，参数可选 0、1、2	AT+MQTTSUB=0,"主题字符串",0

AT+MQTT 指令	功能及参数说明	用法示例
AT+MQTTPUB=<LinkID>,<"topic">, <"data">,<qos>,<retain>	功能：在 LinkID 上通过主题发布数据，其中数据为字符串消息，若要发布二进制，则使用 AT+MQTTPUBRAW。 响应：OK 或 ERROR。 参数说明如下。 LinkID：当前只支持 0。 topic：发布主题，最长为 64 字节。 data：发布数据，data 中不能包含\0，应确保整条 AT+MQTTPUB 不超过 AT 指令的最大长度限制。 qos：发布服务质量，参数可选 0、1、2，默认为 0。 retain：发布保留消息	AT+MQTTPUB=0,"主题字符串","所发布的数据字符串",1,0
AT+MQTTUNSUB=<LinkID>,<"topic">	功能：取消订阅指定连接的 MQTT 主题，可多次取消订阅不同的主题。 参数说明如下。 LinkID：当前只支持 0。 topic：取消订阅的主题，最长为 64 字节	AT+MQTTUNSUB=0, "取消订阅的主题"
AT+MQTTCLEAN=<LinkID>	功能：关闭 MQTT 客户端为 LinkID 的连接，并释放内部占用的资源。 响应：OK 或 ERROR。 参数：LinkID，目前只支持 0	AT+MQTTCLEAN=0

【技能训练】

根据前面的分析，从物联网实训套件中找出本任务所需的硬件设备，硬件设备清单如表 5-8 所示。

表 5-8　硬件设备清单

序号	设备名称
1	Arduino Mega2560 开发板
2	DHT11 温湿度传感器
3	USB TO TTL 模块
4	ESP8266 Wi-Fi 模块
5	已安装 Mind+软件的计算机

活动一　在物联网云平台上创建产品和设备

一、创建产品

在本任务使用的物联网云平台中，会用到"产品"和"设备"这两个概念。在现实生活中，产品定义了某一类设备所具有的共同的属性。一个产品可对应多个设备。例如，Mate 50 是一款手机产品，该型号的手机可以有成千上万台。而在物联网云平台里，"产品"和"设备"也有这样的对应关系，只是它们都是虚拟的。例如，一个智能家居系统要实现对灯和空调的自动控制，需要知道温度、湿度、灯的开关状态、空调的工作状态等信息，所以应该在平台上创建一个包含这些信息的产品。当该智能家居系统被部署运行时，应在平台上创建一个属于该产品的虚拟设备，并将其与实体设备相关联，这些虚拟设备保存着从实体设备上采集到的数据。在物联网云平台上创建产品和设备的操作步骤如表 5-9 所示。

表 5-9　在物联网云平台上创建产品和设备的操作步骤

步骤	操作描述	操作图例
1	打开物联网云平台官网并登录。没有账号的，需要注册一个账号。也可以使用手机号登录或扫码登录	
2	单击顶部菜单右上角的"控制台"超链接，进入控制台	
3	在顶部的搜索框内搜索关键词"物联网平台"，并按照提示进行操作	
4	单击页面左侧的"实例概览"超链接	
5	单击页面上的"公共实例"超链接，开通公共实例	
6	单击"设备管理"下的"产品"超链接，进入产品列表	
7	单击"创建产品"按钮，创建一个产品	
8	输入产品名称"温室大棚"	
9	在"所属品类"中，选择"自定义品类"；在"节点类型"中，选择"直连设备"	

续表

步骤	操作描述	操作图例
10	在"连网方式"中，选择"Wi-Fi"	连网与数据 * 连网方式 Wi-Fi * 数据格式 ICA 标准数据格式（Alink JSON）
11	在"数据校验级别"中，选择"弱校验"；在"认证方式"中，选择"设备密钥"	* 数据校验级别 ● 弱校验　○ 免校验 ∧ 收起 * 认证方式 设备密钥
12	单击"确认"按钮，完成产品的创建	更多信息 ∨ 产品描述 确认　取消
13	在产品列表中，单击相应产品的"查看"按钮	产品名称　ProductKey 温室大棚　gdcctKOxZnk 查看　管理设备｜删除
14	单击"功能定义"按钮，定义产品的功能	← 温室大棚 ProductKey　gdcctKOxZnk 复制 设备数　0 前往管理 产品信息　Topic 类列表　功能定义　数据解析
15	在第一次创建产品时，产品不存在任何功能，此时需单击"编辑草稿"按钮	默认模块 尚未添加任何功能 编辑草稿　了解更多
16	单击"添加自定义功能"按钮	历史版本 ∨ 默认模块 添加标准功能　添加自定义功能 功能类型　功能名称（全部）
17	在"功能名称"文本框中填写"温度"；在"标识符"文本框中填写"temperature"；在"数据类型"下拉列表中选择"int32（整数型）"	添加自定义功能　× * 功能类型 属性　服务　事件 * 功能名称 温度 * 标识符 temperature * 数据类型 int32 (整数型) ∨

续表

步骤	操作描述	操作图例
18	在"取值范围"中分别填写"-100"和"100","步长"填写"1","单位"选择"摄氏度/℃","读写类型"选择"只读"	取值范围 -100 ~ 100 步长 1 单位 摄氏度/℃ *读写类型 ○读写 ●只读
19	"描述"是对温度属性的说明，可以填写，也可以不填写。单击"确认"按钮，完成温度属性的创建	描述 请输入描述 0/100 确认 取消
20	按照前面的方法，添加湿度属性，"标识符"为"humidity"，"数据类型"为"int32（整数型）"	添加自定义功能 × *功能类型 属性 服务 事件 *功能名称 湿度 *标识符 humidity *数据类型 int32(整数型)
21	设置"取值范围"为 0~100，"步长"为"1"，"单位"为"相对湿度/%RH"，"读写类型"为"只读"	取值范围 0 ~ 100 步长 1 单位 相对湿度/%RH *读写类型 ○读写 ●只读
22	单击"发布上线"按钮，完成产品功能的定义	发布上线 返回 发布物模型上线? × +添加发布备注 ☑确认已查看当前版本与线上版本的比对结果 确定 取消
23	单击左侧"设备管理"中的"设备"超链接，进入设备列表	← 公共实例 实例详情 设备管理 ∧ 产品 设备
24	在设备列表中，单击"添加设备"按钮	设备列表 批次管理 高级搜索 添加设备 批量添加 DeviceName

续表

步骤	操作描述	操作图例
25	在"添加设备"对话框中，选择"产品"为"温室大棚"，在"DeviceName"文本框中将设备命名为"greenhouse1"，单击"确认"按钮	
26	添加完成后，会出现"添加完成"对话框，此处可忽略，直接单击"完成"按钮即可	
27	在设备列表中，每个设备都有一个"查看"超链接，单击"查看"超链接进入设备详情页面	
28	在设备信息的"MQTT 连接参数"中，有一个"查看"按钮。单击该按钮可查看 MQTT 连接参数	
29	MQTT 连接参数是连接物联网云平台的重要参数，内部有客户端 ID、用户名、密码、MQTT 服务器的地址、端口号等信息，这些信息是物联网设备能否正确接入物联网云平台的关键数据	

二、测试 Wi-Fi 模块接入物联网云平台

Wi-Fi 模块在本任务中非常重要，是实现数据上传的关键硬件。与 Wi-Fi 模块交互的主要方法就是使用 AT 指令。在任务一中已经升级了 AT 固件程序，升级后的固件程序支持 AT+MQTT 指令，本活动将展示如何使用 AT+MQTT 实现上网功能。在进行下面的操作前，需要将 ESP8266 Wi-Fi 模块连接到 USB TO TTL 模块上，将连接好的 USB TO TTL 模块连接到计算机的 USB 接口上，然后按照表 5-10 进行操作。

表 5-10　使用串口 AT+MQTT 指令连接物联网云平台

步骤	操作描述	操作图例
1	使用 AT 指令调试 MQTT。打开安信可串口调试工具。如果 MQTT 面板没有打开，可以单击软件下方的"MQTT 面板"。 将物联网云平台中设备的 MQTT 连接参数信息复制到串口调试助手的"MQTT 面板"中	
2	订阅主题：在物联网云平台上，选择"产品详情"→"Topic 类列表"→"物模型通信 Topic"，找到属性设置（即订阅主题），将${deviceName}修改为所连接的设备名 例如： 将/sys/gdcctKOxZnk/${deviceName}/thing/service/property/set 修改为/sys/gdcctKOxZnk/greenhouse1/thing/service/property/set 将修改后的订阅主题复制到串口调试助手的"订阅的主题"文本框中	
3	发布主题：在物联网云平台上，选择"产品详情"→"Topic 类列表"→"物模型通信 Topic"，找到属性上报（即发布主题），将${deviceName}修改为所连接的设备名。 例如： 将/sys/gdcctKOxZnk/${deviceName}/thing/event/property/post 修改为/sys/gdcctKOxZnk/greenhouse1/thing/event/property/post 将修改后的发布主题复制到串口调试助手的"发布的主题"文本框中	

步骤	操作描述	操作图例
4	确定发布主题的内容： {params:{"temperature":33,"humidity":44}}	ClientId: mestamp=1665899151669 订阅的主题: g/service/property/set 发布的主题: ng/event/property/post 发布的消息: ure":33,"humidity":44}}
5	输入所接入的路由器的名字和密码	订阅的主题: g/service/property/set 发布的主题: ng/event/property/post 发布的消息: umidty":44,"light":1}} 路由器名字: ▨▨▨ 路由器密码: ▨▨▨ 一键生成AT指令
6	单击"一键生成 AT 指令"按钮，生成连接 MQTT 服务器所需 AT+MQTT 指令。 生成的指令如下。 （1）AT+CWMODE（设置 Wi-Fi 为工作站模式） （2）AT+CWJAP（连接 Wi-Fi 路由器） （3）AT+MQTTUSERCFG（设置物联网的用户名和密码） （4）AT+MQTTCONN（连接物联网云平台） （5）AT+MQTTSUB（订阅主题） （6）AT+MQTTPUB（发布主题）	依次点击发送 字符串 设置STA模式 AT+CWMODE=1 连接路由器 009988","mhy359218072" 配置服务器 csha256\,timestamp=166 连接服务器 b.aliyuncs.com",1883,0 订阅主题 ervice/property/set",0 发布消息 s:{\"temperature\":33 取消订阅主题 /service/property/set" 断开服务器 AT+MQTTCLEAN=0
7	修改一些特殊字符，如双引号、单引号、逗号，这些字符在传输需要时特别修饰，称为字符转义。转义的方法是在这些字符前加一个反斜线	配置服务器中字符串的修改： AT+MQTTUSERCFG=0,1,"gdcctKOxZnk.greenhouse1|securemode=2\,signmethod=hmacsha256\,timestamp=1665899151669\","greenhouse1&gdcctKOxZnk","698bfba5f6d5a9ba7c43259df2eec56f5d47992444f089a6321558116",0,0,"" 发布消息中字符串的修改： AT+MQTTPUB=0,"/sys/gdcctKOxZnk/greenhouse1/thing/event/property/post","{params:{\"temperature\":33\,\humidty\":44}}",1,0
8	从上向下依次单击指令按钮	依次点击发送 字符串 ①设置STA模式 AT+CWMODE=1 ②连接路由器 009988","mhy359218072" ③配置服务器 a256\,timestamp=1665899 ④连接服务器 b.aliyuncs.com",1883,0 ⑤订阅主题 ervice/property/set",0 ⑥发布消息 44\,\"light\":1}}",1,0 ⑦取消订阅主题 /service/property/set" ⑧断开服务器 AT+MQTTCLEAN=0
9	登录物联网云平台，进入设备列表，可以看到设备处于在线状态	DeviceName/备注名称 状态/启用状态 greenhouse1 ● 在线
10	在物联网云平台上，单击"监控运维"→"日志服务"，查看是否接收到设备上传的数据	监控运维 实时监控　业务类型全部 操作 内容 状态 运维大盘　云到设备消息 /sys/gdcctKOx... {"Params":null,"R... 200 在线测试　物模型 Check {"Params":{"humi... 200 设备模拟器 日志服务　物模型消息 /sys/gdcctKOx... {"RequestId":nul... 200
11	进入设备详情页，单击"物模型数据"，如果数据正常上传，此处可以查看设备接收到的物模型数据	物模型数据 设备影子 文件管理 日志服 服务调用 请输入属性名称或标识符 Q 温度 查看数据 湿度 33℃ 44%RH

三、使用 Arduino 开发板上传温湿度数据到物联网云平台

前面进行了 Wi-Fi 模块连接物联网云平台的测试，并在物联网云平台上成功地接收了数据，证明了 Wi-Fi 模块正常，也能支持 AT+MQTT 指令。接下来，将温湿度传感器接入 Arduino 开发板，通过开发板向 Wi-Fi 模块发送 AT+MQTT 指令，将温度和湿度数据上传至物联网云平台上。硬件设备按下面的接线方式进行连接。

Arduino Mega2560 开发板共有(TX0,RX0)、(TX1,RX1)、(TX2,RX2)、(TX3,RX3)这 4 组串口，Wi-Fi 模块可以选用任意一组串口。选择了哪组串口，就必须针对哪组串口进行编程。因为 TX0 和 RX0 经常用于串口调试，所以不建议使用 TX0 和 RX0，其他 3 组可以任选。本任务选用 (TX3,RX3)这组串口。接收端的数据一定来自另一设备的发送端，发送端的数据也一定发向另一设备的接收端，在接线时，开发板的发送端（TX）要接到 Wi-Fi 模块的接收端（RX）上，开发板的接收端（RX）需连接到 Wi-Fi 模块的发送端（TX）上。温湿度传感器的接线比较简单，在前面已经学习过，此处不进行说明。

仔细观察各硬件设备的引脚标志，明确各标志的含义并进行连线。设备引脚连接如表 5-11 所示。设备连接示意如图 5-10 所示。

表 5-11　设备引脚连接

引脚	连向设备的名称	所连向设备的引脚
DHT11 温湿度传感器的 VCC	Arduino 开发板	5V
DHT11 温湿度传感器的 GND	Arduino 开发板	GND
DHT11 温湿度传感器的 OUT	Arduino 开发板	2
ESP8266 Wi-Fi 模块的 VCC	Arduino 开发板	3.3V
ESP8266 Wi-Fi 模块的 GND	Arduino 开发板	GND
ESP8266 Wi-Fi 模块的 RXD	Arduino 开发板	TX3
ESP8266 Wi-Fi 模块的 TXD	Arduino 开发板	RX3

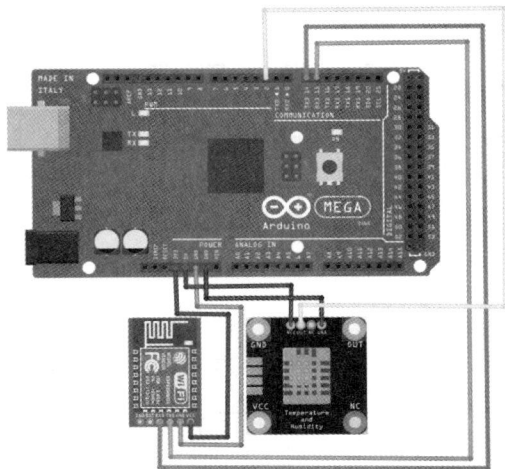

图 5-10　设备连接示意

活动二 编写图形程序

一、分析程序流程

本程序应按以下几步进行。

（1）初始化 Wi-Fi，设置 Wi-Fi 通信的波特率。

（2）设置 Wi-Fi 所接入热点的账号和密码，并接入 Wi-Fi。

（3）设置 Wi-Fi 的时钟与服务器时钟同步。

（4）设置 MQTT 连接所需要的客户端 ID、用户名、密码。

（5）设置 MQTT 所连接的服务器的地址和端口号。

（6）在循环中每隔一定的时间读取温度和湿度，向平台上传数据。

程序流程图如图 5-11 所示。

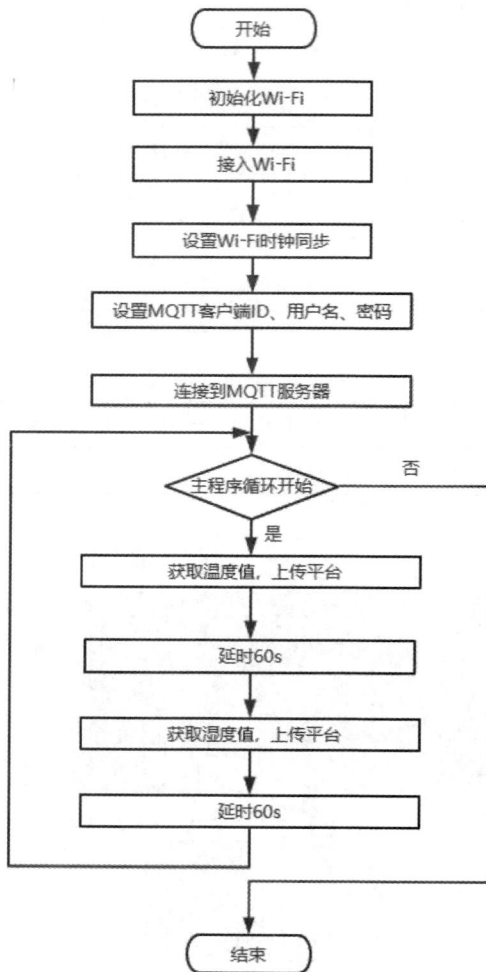

图 5-11 程序流程图

二、搭建积木程序

按照表 5-12 所示的步骤搭建积木程序。

表 5-12　积木程序搭建说明

步骤	操作描述	操作图例
1	（1）在 Mind+软件中导入用户库，添加 Wi-Fi 模块。该模块存放位置为教材配套资源模块五\任务二\pluto-extesp8266-thirdex-V0.0.1.mpext。 （2）在 Mind+软件中导入用户库，添加 json 解析模块。该模块存放位置为教材配套资源\模块五\任务二\yuntian-json-thirdex-V0.0.1.mpext	 
2	在 Mind+软件中添加 DHT11/22 温湿度传感器和 Arduino Mega2560 开发板	 
3	初始化 Wi-Fi 模块，参数选择硬串口 3，设置所接入 Wi-Fi 热点的账号和密码	
4	配置时钟同步服务器，使 Wi-Fi 的时间与服务器的时间同步	
5	登录物联网云平台，打开设备列表，找到要接入的设备，查看设备的 MQTT 连接参数	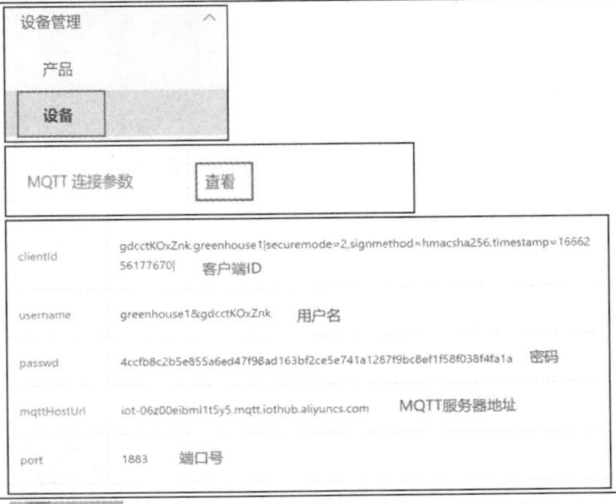
6	复制步骤 5 中的用户名和密码，将其填入右图所示的积木的参数中	
7	复制客户端 ID，将其填入右图所示的积木的参数中	

续表

步骤	操作描述	操作图例
8	复制客户端的 MQTT 服务器地址和端口号信息，填入右图所示的积木的参数中	
9	找到产品的"Topic 类列表"→"物模型通信 Topic"→"属性上报"，复制主题字符串	
10	将主题字符串中的${deviceName}部分改成所创建的设备名称。例如：将 /sys/gdcctKOxZnk/${deviceName}/thing/event/property/post 改为 /sys/gdcctKOxZnk/greenhouse1/thing/event/property/post。将修改好的字符串复制到右图所示的参数框内	

完整的积木程序如图 5-12 所示。

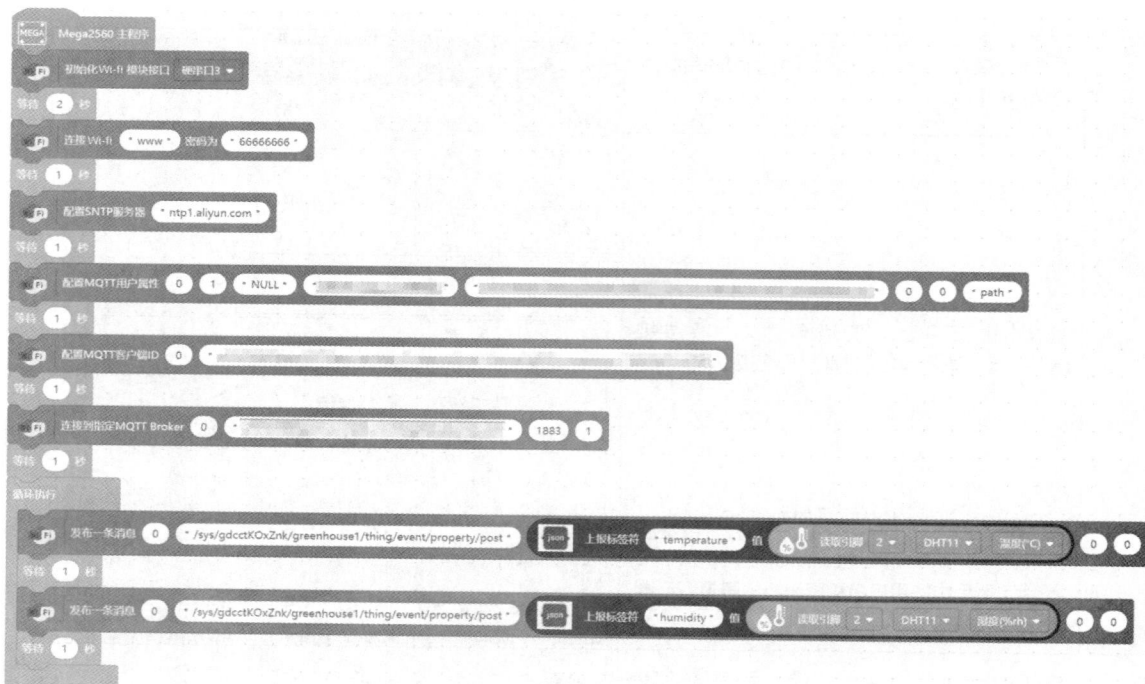

图 5-12　完整的积木程序

活动三　解读程序代码

一、查看 Mind+ 软件自动生成的代码

单击 Mind+ 软件左上角的"代码区"按钮，可查看本任务的 Arduino C 语言的代码，如图 5-13 所示。

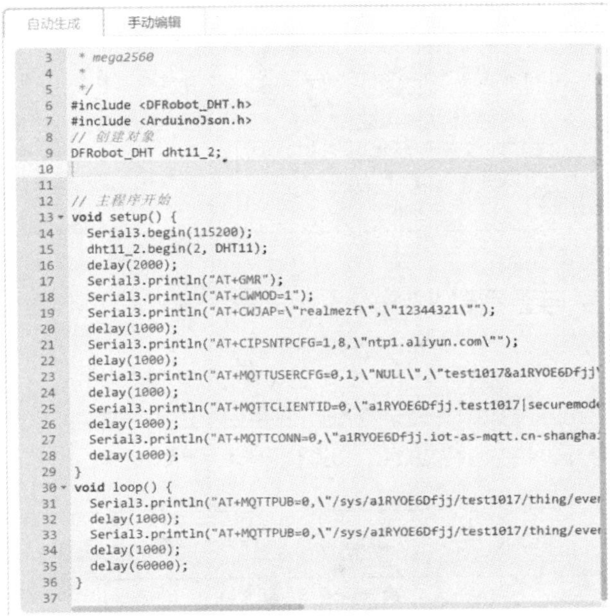

图 5-13　查看本任务的 Arduino C 语言的代码

二、代码解析

主要代码解析如表 5-13 所示。

表 5-13　主要代码解析

代码	含义
Serial3.begin(115200);	初始化串口3，设置波特率为 115200
dht11_2.begin(2, DHT11);	设置温湿度传感器使用数字引脚 2
Serial3.println("AT+GMR");	查看 Wi-Fi 模块的版本信息，仅用于测试 Wi-Fi 模块
Serial3.println("AT+CWMOD=1");	设置 Wi-Fi 为 Station 模式，这个模式下的 Wi-Fi 模块作为客户端使用，具有对外发送数据的功能
Serial3.println("AT+CWJAP=\"realmezf\",\"12344321\"");	设置 Wi-Fi 模块联网的 SSID 账号和密码
Serial3.println("AT+CIPSNTPCFG=1,8,\"ntp1.aliyun.com\"");	同步本地时间与阿里云服务器时间，这样可以保障数据传输在时间方面的精确性
Serial3.println("AT+MQTTUSERCFG=0,1,\"NULL\",\"test1017&a1RYOE6Dfjj\",\"3427de20f5189de2e84ffa054d6c98cb5c61c6db4fb5bea5a7ec0c8f203f1741\",0,0,\"path\"");	向服务器发送用户名和密码

续表

代码	含义
Serial3.println("AT+MQTTCLIENTID=0,\"a1RYOE6Dfjj.test10 17|securemode=2\\,signmethod=hmacsha256\\,timestamp= 1666066144218|\"");	向服务器发送客户端 ID
Serial3.println("AT+MQTTCONN=0,\"a1RYOE6Dfjj.iot-as-mqtt.cn-shanghai.aliyuncs.com\",1883,1");	向服务器发送 MQTT 服务器地址
Serial3.println("AT+MQTTPUB=0,\"/sys/a1RYOE6Dfjj/test10 17/thing/event/property/post\",\"{params:{\\\"temperature\\\": dht11_2.getTemperature()}}\",0,0");	向服务器上报温度数据
Serial3.println("AT+MQTTPUB=0,\"/sys/a1RYOE6Dfjj/test10 17/thing/event/property/post\",\"{params:{\\\"humidity\\\": dht11_2.getHumidity()}}\",0,0");	向服务器上报湿度数据

活动四　下载程序与查看数据

一、下载程序

将编写好的程序下载到开发板中，登录物联网云平台，进入设备列表，查看设备是否正常上线。正常上线后，设备上线的开关将显示为绿色，如图 5-14 所示。

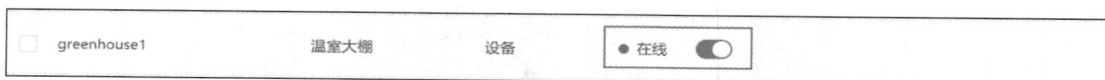

图 5-14　设备上线

二、查看数据

进入设备详情页面，查看物模型数据，该数据就是温湿度传感器上传的数据，如图 5-15 所示。

图 5-15　物模型数据

【任务评价】

学生在完成本任务的学习后，教师可以根据学生的综合表现给出评分。任务评价表如表 5-14 所示。

表 5-14　任务评价表

序号	主要内容	评价标准	分值/分	得分/分
1	MQTT 的工作原理	能说出 MQTT 的工作原理	10	
2	AT+MQTT 指令	能说出常用 AT+MQTT 指令的功能及用法	15	
3	MQTT 指令的测试	能使用串口工具对 Wi-Fi 模块进行 MQTT 指令测试	15	
4	硬件设备的连接	能正确组装设备	15	
5	积木程序的编写与调试	能正确编写程序，实现数据上传物联网云平台功能	15	
6	职业素养	实验中，操作要安全、规范。完成实验后，应将相关元件、模块等收纳整齐，保持实验桌面干净、整洁	10	
7	学习态度	能主动参与课堂讨论和实践活动，积极寻求解决问题的方法	10	
		能按时完成学习及工作任务	10	
	总计		100	

【拓展学习】

其他常见物联网云平台传输协议

其他常见物联网云平台传输协议如下。

1. HTTP

HTTP 采用典型的客户端/服务器通信模式，客户端发起连接并请求 XML 或 JSON 数据。然而，HTTP 在物联网场景中存在三大缺陷，即不能主动推送数据、安全性不高、信息传输量过大。

2. CoAP

CoAP 是一种轻量级的 Web 应用协议，用于受限环境中的低功耗设备和传感器网络。CoAP 提供了低延迟通信和简单的服务发现机制，具有轻量级、可扩展、安全、易于实现和低功耗等特点。CoAP 在智能家居、工业自动化和环境监测等领域得到了广泛应用。

3. AMQP

高级消息队列协议（Advanced Message Queuing Protocol，AMQP）是一种面向消息的传输协议，用于在分布式系统中进行可靠的异步通信。AMQP 支持多种编程语言和传输协议，包括消息生产者、消息队列和消息消费者 3 个主要组件。AMQP 支持多种消息传输模式，包括点对点、发布/订阅和请求/响应。

【思考与练习】

1. 简述 MQTT 通信协议的工作原理。

2. 请说出下面 AT 指令的作用，以及各参数的含义。

（1）AT+MQTTUSERCFG=<LinkID>,<scheme>,<"client_id">,<"username">, <"password">, <cert_key_ID>,<CA_ID>,<"path">

（2）AT+MQTTPUB=<LinkID>,<"topic">,<"data">,<qos>,<retain>

（3）AT+MQTTSUB=<LinkID>,<"topic">,<qos>

3. 在物联网云平台上创建一个智能家居产品，定义产品功能，功能属性可自定义，创建产品后为产品添加一个新的设备。

任务三　物联网系统的故障诊断与分析

【学习目标】

1. 掌握使用万用表测量电压和电阻的方法。
2. 掌握物联网设备故障排除的基本思路和方法。
3. 能使用软件工具或自编程序块对各类物联网设备模块进行功能性测试。
4. 养成分析问题和解决问题的能力，提升职业素养。

【任务情景】

某企业搭建好的温湿度监控系统发生故障，导致在物联网云平台上查不到实时更新的数据。请对设备进行检查，排除故障。

【任务分析】

通常情况下，物联网系统发生硬件故障的可能性大于软件故障。软件部分在开发测试成功后，发生故障的概率相对较小。因此，在故障诊断和排查时，应遵循先硬件后软件的顺序。

【相关知识】

一、物联网系统常见故障及原因

物联网系统一般比较复杂，涉及终端设备、网络系统、云平台等多个方面，出现故障时，要根据故障现象找出问题。常见故障有以下几种。

（1）硬件问题：设备本身的硬件故障。

（2）软件问题：设备的固件或软件存在错误或漏洞，导致设备无法正常工作。

（3）网络连接问题：设备无法连接到互联网或局域网，导致无法接收或发送数据。

（4）设置问题：设备的设置存在问题。

（5）外部干扰问题：设备受到外部环境的影响。

（6）使用不当问题：用户错误地使用设备，导致设备损坏或出现故障。

（7）系统更新问题：设备需要更新软件或固件时，因用户未能及时进行更新，导致设备无法正常工作。

二、故障检查的基本思路和方法

对于硬件问题，首先考虑设备供电情况是否正常。如果设备模块上有电源指示灯，则可以直接观察设备是否有电。对于没有电源指示灯的设备，可以在设备接入电源后，使用万用表检测电源引脚的电压。如果未检测到电压，首先确定供电的电源是否正常，可以使用万用表测量电源电压来判断。然后考虑导线问题，可以使用万用表测量导线两端的电阻以验证导线的导通性。

对于软件问题，通常利用串口调试助手输出数据来判断程序是否运行正常。串口调试助手也经常用来判断传感器工作是否正常。对于物联网云平台的诊断，可以借助 MQTT.fx 等 MQTT 客户端软件来进行物联网云平台连接、发布、订阅功能的测试。对于 Wi-Fi 模块的软件问题，可以使用 AT 指令来进行判断分析。

三、物联网云平台连接测试工具

MQTT.fx 是目前主流的 MQTT 客户端软件，它支持 Windows、macOS、Linux 操作系统，可以快速与物联网云平台建立连接，并发布或订阅消息。MQTT.fx 可以在没有硬件设备的情况下模拟客户端与服务器进行 MQTT 通信，对服务器进行连接、发布、订阅的调试，可以将 MQTT.fx 中测试成功的各种参数应用于真实的设备开发中。本书配套的 MQTT.fx 版本为 MQTT.fx 1.7.0 for Windows。

根据本任务发生故障的现象，判断存在以下几个原因：温湿度传感器故障、控制器故障、Wi-Fi 模块故障、物联网云平台故障和控制器程序故障。下面依次对存在的故障进行测试。

【技能训练】

根据前面的分析，从物联网实训套件中找出本任务所需的硬件设备，硬件设备清单如表 5-15 所示。

表 5-15　硬件设备清单

序号	设备名称
1	Arduino Mega2560 开发板
2	DHT11 温湿度传感器
3	万用表
4	Wi-Fi 模块
5	安装 MQTT.fx 客户端软件的计算机

活动一　检测设备端

一、检测硬件

（1）将温湿度传感器和 Arduino 开发板按图 5-16 所示的方式相连，将 Arduino 开发板接入计算机的 USB 接口。使用万用表测量温湿度传感器的 VCC 和 GND 两个引脚的电压。如果检测到 5V 电压，说明温湿度传感器电源功能正常。

（2）如果检测不到 5V 电压，可能是导线接触不良造成的。应先检查导线接头是否松动，或将导线重新插拔，再次检测电压。

（3）经过第（2）步的操作后，如果仍未检测到电压，可使用万用表测量连接 VCC 和 GND 引脚的两根导线的电阻。将万用表调到电阻的蜂鸣挡，将红、黑表笔接在导线的两端，如果听到蜂鸣器声，则表示导线正常。如果未听到蜂鸣器声，则表示导线有问题，需要更换导线。

（4）经过第（3）步的操作后，应该可以在温湿度传感器的 VCC 和 GND 引脚两端检测到 5V 电压。如果仍未检测到电压，可能是 Arduino 开发板控制 5V 电源的引脚损坏，可以进一步测量 Arduino 开发板的 5V 电源引脚与 GND 引脚间的电压进行判断。

二、检测软件

通过上面的检测，排除了温湿度传感器在硬件方面的故障，但仍不能确定温湿度传感器功能正常，还需要对其进行软件测试。参照模块二任务四的操作，编写简单的测试程序，读取温湿度传感器的数值，利用串口输出，查看能否读取到正常的温度和湿度数据，如图 5-17 所示。如果不能读取到数据，则表明温湿度传感器内部故障，需要进行更换。

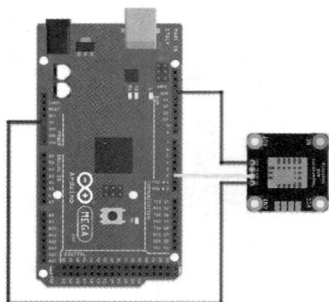

图 5-16　硬件接线示意

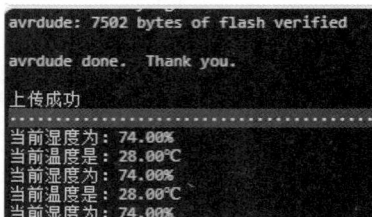

图 5-17　串口中的输出数据

如果对温湿度传感器的软硬件方面的检测结果表明温湿度传感器一切正常，并且 Arduino 开发板也一切正常，接下来，就需要判断 Wi-Fi 模块故障的可能性。

活动二　检测网络

一、检测网络环境

检查一下 Wi-Fi 路由器，查看是否有电，确保 Wi-Fi 路由器正常工作后，再使用其他联网设备进行测试。可以使用智能手机或计算机接入 Wi-Fi 路由器，查看是否可以正常访问外部网络。经检查，Wi-Fi 路由器一切正常，接下来检查 Wi-Fi 模块功能是否正常。

二、测试 Wi-Fi 模块

按照表 5-4 所示的接线方式，连接 ESP8266 Wi-Fi 模块与 USB TO TTL 模块。将 USB TO TTL 模块接入计算机的 USB 接口。

（1）本书使用的 Wi-Fi 模块带有电源指示灯，如果电源指示灯亮起且亮度正常，表示 Wi-Fi 模块供电正常。如果电源指示灯熄灭或亮度较暗，可以检查线路接触是否良好，也可以使用万用表检测 Wi-Fi 模块的 VCC 和 GND 引脚上的电压，进行二次判断。

（2）在确保 Wi-Fi 模块与 USB TO TTL 模块之间硬件连接无故障的基础上，打开串口调试助手，发送图 5-18 所示的 AT 指令，正常情况下，会在串口调试助手的接收窗口中收到图 5-19 所示的响应结果。如果收到响应结果，表明 Wi-Fi 模块功能正常，固件程序的版本也正确。如果没有接收到正常的响应结果，可以重新烧写固件程序（参考模块五任务一）后再尝试。如果固件程序烧写失败，则有可能是 Wi-Fi 模块内部发生故障，需更换模块。

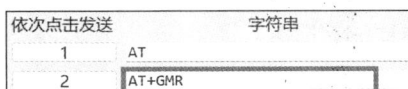

依次点击发送	字符串
1	AT
2	AT+GMR

图 5-18　发送测试 AT 指令

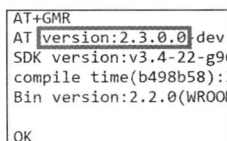

```
AT+GMR
AT version:2.3.0.0 dev
SDK version:v3.4-22-g9(
compile time(b498b58):
Bin version:2.2.0(WROOM

OK
```

图 5-19　AT 指令响应结果

（3）如果对 Wi-Fi 模块的软硬件方面的检测结果表明，Wi-Fi 模块功能一切正常，则将 Wi-Fi 模块重新与 Arduino 开发板连接，检查引脚连接是否正确。观察 Wi-Fi 模块指示灯的状态，确保 Wi-Fi 模块正常工作。接下来检测物联网云平台是否存在问题。物联网云平台由专门的运营团队负责，虽然发生故障的可能性比较小，但并非没有可能发生故障。

活动三　检测物联网云平台

MQTT.fx 可以模拟硬件设备，它使用 MQTT 与物联网云平台通信。通过这个模拟测试，可以诊断 MQTT 连接参数是否正确，也可以确定物联网云平台的服务器工作是否正常。下面演示 MQTT.fx 软件的使用方法及操作过程。

一、配置物联网云平台

（1）打开 MQTT.fx 软件，单击"配置"按钮，进行连接配置，如图 5-20 所示。

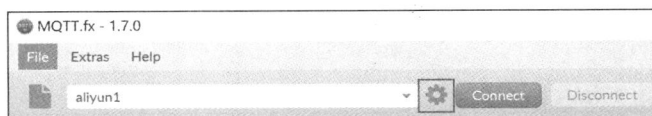

图 5-20　连接配置

（2）打开"Edit Connection Profiles"窗口，单击左下角的"+"图标，增加一个新连接。在右侧的界面中填写正确的参数，如图 5-21 所示。

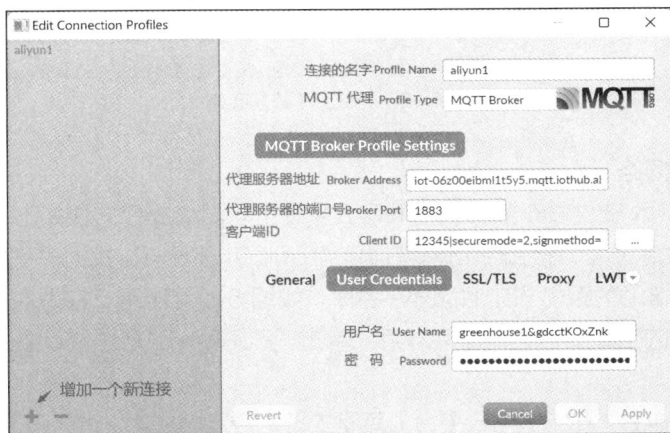

图 5-21　连接参数配置界面

① Profile Name：表示该连接配置的名称，可以自定义一个字符串。

② Profile Type：此处选择 MQTT Broker，表示本连接将使用 MQTT 代理服务器。

③ Broker Address：此处填写 MQTT 的代理服务器地址。

④ Broker Port：此处填写 MQTT 的代理服务器的端口号。

⑤ Client ID：此处填写客户端 ID。

⑥ User Name：此处填写接入 MQTT 服务器的用户名。

⑦ Password：此处填写用户密码。

以上参数可以使用物联网云平台提供的生成工具来生成，更便捷的方法是使用物联网云平台网页上提供的 MQTT 连接参数。查看 MQTT 连接参数的方法是进入设备详情页面，单击"MQTT 连接参数"链接，即可看到所需参数，如图 5-22 所示。

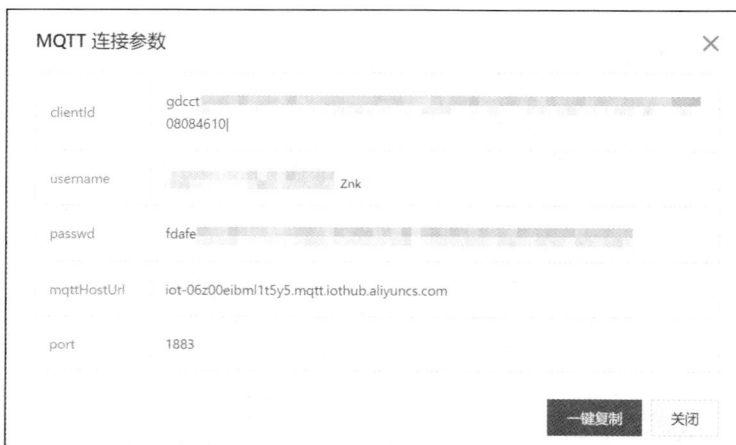

图 5-22　MQTT 连接参数

（3）完成连接参数的配置后，返回软件主界面，单击"Connect"按钮进行连接，如图 5-23 所示，如果连接成功，右侧的指示图标将变成绿色。

图 5-23　MQTT 连接正常

二、测试云平台网络

下面使用 MQTT.fx 软件发布数据到物联网云平台上。具体操作方法如下。

（1）进入产品详情页面，打开"物模型通信 Topic"选项卡，找到"属性上报"的主题字符串，将${deviceName}替换成所创建的设备名称，如图 5-24 所示。在发布内容区输入要上报的数据，注意上报数据的格式要求。填写完成后，单击"Publish"按钮，完成发布操作，如图 5-25 所示。

（2）完成发布操作后，在物联网云平台上查看主题是否发布成功。进入设备详情页面，打开"物模型数据"选项卡，如图 5-26 所示，如果可以看到发布的数据，说明数据上报成功。

图 5-24　确定主题字符串

图 5-25　发布主题

图 5-26　查看物模型数据

通过上述操作，证明物联网云平台服务正常，能够正确连接和发布数据，但遇到的问题还是没有解决，问题到底出现在哪里？又对客户进行询问，客户突然想起自己所在公司更换了路由器，Wi-Fi 账号和密码也同时更换了，而物联网设备上还没有更换新的账号和密码。修改程序中的 Wi-Fi 账号和密码，重新下载程序、登录物联网云平台后，可以发现数据上传正常了。

【任务评价】

学生在完成本任务的学习后，教师可以根据学生的综合表现给出评分。任务评价表如表 5-16 所示。

表 5-16　任务评价表

序号	主要内容	评价标准	分值/分	得分/分
1	万用表的用法	能说出使用万用表测量电压和电阻的操作步骤	10	
2	物联网系统故障诊断的流程	能说出物联网系统故障诊断的基本流程	10	
3	物联网设备端检测	能使用万用表对物联网设备模块进行初步诊断	10	
4	Wi-Fi 模块的检测	能对 Wi-Fi 模块进行通信测试	20	
5	物联网云平台的检测	能使用 MQTT.fx 软件对物联网云平台进行测试	20	
6	职业素养	实验中，操作要安全、规范。完成实验后，应将相关元件、模块等收纳整齐，保持实验桌面干净、整洁	10	
7	学习态度	能主动参与课堂讨论和实践活动，积极寻求解决问题的方法	10	
		能按时完成学习及工作任务	10	
	总计		100	

【拓展学习】

电子产品维修方法

电子产品维修需要遵循安全第一、先分析再操作、不轻易更换元件、注意防静电等原则。

电子产品故障检测流程包括检查外部结构、电源供应、电路板，测试元件和重装产品等。常用的电子产品维修方法包括直观检查法、测量检查法、干扰法、等效替换法、比较法、隔离法、信号追踪法等。

物联网电子产品的维修方法与一般电子产品的维修方法相似，但需要运用更多网络和通信方面的知识，需要注意电源、网络连接、通信模块、芯片和软件等方面的问题。

【思考与练习】

1. 请简述使用万用表测量电压的方法。
2. 请简述使用万用表测量电阻的方法。
3. 在物联网云平台上创建一个新的产品和设备，利用 MQTT.fx 软件对该设备进行连接测试。